L'HISTOIRE DE L'ASTRONOMIE

De la préhistoire au XXe siècle

JOSÉ RUIZ WATZECK

WATZECK HOME STUDIUS DIGITAL

Mentions légales © 2022 JOSÉ RUIZ WATZECK

Tous droits réservés

Aucune partie de ce livre ne peut être reproduite, stockée dans un système de récupération, ou transmise sous quelque forme que ce soit ou par quelque moyen que ce soit, électronique, technique, photocopieuse, enregistrement ou autre, sans autorisation écrite expresse de l'éditeur.

Concepteur de la couverture : WATZECK HOME STUDIUS DIGITAL

TABLE DES MATIÈRES

Page de titre
Mentions légales
PRÉFACE — 1
INTRODUCTION — 3
CHAPITRE 1 : L'ASTRONOMIE EN PRÉHISTOIRE — 6
CHAPITRE 2 : CONSTELLATIONS — 15
CHAPITRE 3 : L'ASTRONOMIE DANS L'ANTIQUITÉ — 25
CHAPITRE 4 : ÉRATOSTENES DE CYRÈNE ET LA PREMIÈRE DÉTERMINATION DES DIMENSIONS DE LA TERRE — 38
CHAPITRE 5 : PTOLÉOMÉE ET LE MODÈLE GÉOCENTRIQUE DE L'UNIVERS — 43
CHAPITRE 6 : NICOLAS COPERNIC ET LA RÉVOLUTION HÉLIOCENTRIQUE — 51
CHAPITRE 7 : L'ASTRONOMIE ISLAMIQUE ET SON HÉRITAGE SCIENTIFIQUE — 56
CHAPITRE 8 : L'ASTRONOMIE EUROPÉENNE AU MOYEN ÂGE — 63
CHAPITRE 9 : GIORDANO BRUNO – LE MARTYR DU COSMOS INFINI — 68
CHAPITRE 10 : TYCHO BRAHE – L'OBSERVATEUR DU CIEL — 73
CHAPITRE 11 : JOHANNES KEPLER – LE MATHÉMATICIEN DU COSMOS — 78

CHAPITRE 12 : GALILÉE GALILÉE – LE MESSAGER DES ÉTOILES	81
CHAPITRE 13 : LA CARRIÈRE D'ISAAC NEWTON : UNE ANALYSE BIOGRAPHIQUE ET INTELLECTUELLE	88
CHAPITRE 14 : ALBERT EINSTEIN – LE VISIONNAIRE DE LA PHYSIQUE MODERNE	104
CHAPITRE 15 : NIKOLA TESLA – LE GÉNIE DE L'ÉLECTRICITÉ ET DE L'INNOVATION	108
CHAPITRE 16 : L'ÉVOLUTION DES TÉLESCOPES : DE L'OPTIQUE À L'ESPACE	113
CHAPITRE 17 : L'ÈRE DES EXOPLANÈTES – À LA DÉCOUVERTE DE NOUVEAUX MONDES	132
CHAPITRE 18 : TROUS NOIRS ET ONDES GRAVITATIONNELLES : DE NOUVELLES FENÊTRES SUR L'UNIVERS	138
CHAPITRE 19 : EXPLORATION DU SYSTÈME SOLAIRE – MISSIONS ET DÉCOUVERTES	145
CHAPITRE 20 : COSMOLOGIE MODERNE – L'UNIVERS EN EXPANSION	159
CHAPITRE 21 : NOUVELLES GALAXIES ET ÉTOILES – AU-DELÀ DE LA VOIE LACTÉE	168
CHAPITRE 22 : LA RECHERCHE DE LA VIE DANS L'UNIVERS – SETI	182
CHAPITRE 23 : L'EXPLORATION HUMAINE DE L'ESPACE : DU PASSÉ AU FUTUR	188
CHAPITRE 24 : L'ASTRONOMIE AU XXIe SIÈCLE : DÉFIS ET OPPORTUNITÉS	194
CONSIDÉRATIONS FINALES	198
RÉFÉRENCES BIBLIOGRAPHIQUES	201
À propos de l'auteur	205

PRÉFACE

Depuis la publication de la première édition de L'Histoire de l'astronomie : de la Préhistoire au XXe siècle il y a plus de deux ans, l'astronomie et les sciences spatiales ont connu des avancées extraordinaires. De nouvelles découvertes ont remis en question les paradigmes établis, repoussé les frontières de la connaissance cosmique et redéfini notre compréhension de l'univers. Cette deuxième édition répond donc à la nécessité d'intégrer ces développements récents, garantissant ainsi que l'ouvrage demeure une référence actuelle et fiable pour les étudiants, les chercheurs et les passionnés d'astronomie.

La première édition de cet ouvrage est née d'une profonde admiration pour le cheminement humain vers la compréhension du cosmos, depuis les premières observations célestes des civilisations antiques jusqu'aux missions spatiales sophistiquées de l'ère moderne. Cependant, la science est, par nature, dynamique. Chaque nouvelle observation réalisée par des télescopes de pointe, chaque théorie révisée ou formulée, nous rappelle que l'astronomie est un domaine en constante évolution. Cette deuxième édition actualise non seulement le contenu original, mais intègre également les dernières avancées scientifiques et technologiques qui ont transformé l'astrophysique et l'exploration spatiale.

Dans cette revue, nous soulignons l'impact révolutionnaire du télescope spatial James Webb (JWST), qui nous a fourni des images inédites de l'Univers primordial, ainsi que de précieuses informations sur la formation des galaxies, l'atmosphère des exoplanètes et la chimie interstellaire. Nous explorons également les avancées en astrobiologie, qui ont élargi notre compréhension de la possibilité de vie au-delà de la Terre, et les découvertes d'exoplanètes dans des zones habitables, qui ont relancé le débat sur le caractère unique de notre planète. Nous abordons enfin les avancées théoriques et observationnelles qui ont redéfini des domaines tels que la cosmologie, la physique des trous noirs et la nature de la matière noire et de l'énergie noire.

La mise à jour de cet ouvrage a nécessité une relecture minutieuse de chaque chapitre, garantissant l'adéquation du contenu aux découvertes les plus récentes et à la rigueur scientifique requise pour un ouvrage de référence. Plus qu'un récit historique, L'Histoire de l'astronomie : de la Préhistoire au XXIe siècle est une célébration de la curiosité humaine et de notre quête inlassable pour comprendre l'univers. Cette nouvelle édition reflète non seulement le progrès scientifique, mais aussi l'esprit d'exploration et de découverte qui a animé l'humanité à travers les siècles.

Je tiens à remercier tous les lecteurs qui ont suivi ce voyage et dont le soutien a été essentiel à la poursuite de ce projet. J'espère que cette deuxième édition suscitera la même fascination pour le cosmos qui m'a motivé à l'écrire et qu'elle constituera un guide fiable et inspirant pour les futures générations d'explorateurs du ciel.

Bonne lecture et bonne découverte !

INTRODUCTION

L'astronomie est sans doute la science la plus ancienne. Ses racines remontent à l'aube de l'humanité, lorsque nos ancêtres tournaient leur regard vers le ciel en quête de sens, de guidance et de compréhension. Depuis la préhistoire, le firmament était non seulement un spectacle de beauté, mais aussi un outil essentiel à la survie et au développement des premières civilisations. Le ciel servait de carte, de calendrier et d'horloge naturelle, guidant les décisions pratiques et inspirant les récits mythologiques et spirituels.

Des preuves archéologiques montrent que les peuples préhistoriques observaient déjà les mouvements célestes avec une attention méticuleuse. Des monuments mégalithiques, tels que le célèbre cercle de Stonehenge en Angleterre (daté entre 2500 et 1700 av. J.-C.), les alignements de Carnac en Bretagne ou les sites de Callanish en Écosse, témoignent éloquemment des connaissances astronomiques de ces sociétés anciennes. Ces structures n'étaient pas de simples lieux de culte ou temples ; elles fonctionnaient comme des observatoires primitifs, conçus précisément pour marquer les phénomènes célestes significatifs. À Stonehenge, par exemple, les pierres colossales, pesant chacune en moyenne 26 tonnes, sont alignées pour pointer vers le lever du soleil au solstice d'été, marquant le début des saisons. Ces alignements révèlent une compréhension avancée des cycles solaires et lunaires, ainsi que la capacité de prédire des événements tels que les éclipses.

Les plus anciennes archives astronomiques, datant d'environ 3000 av. J.-C., proviennent de civilisations telles que la Chine, la Babylonie, l'Assyrie et l'Égypte. Pour ces peuples, l'étude des étoiles avait des objectifs à la fois pratiques et spirituels. Les calendriers basés sur les mouvements du Soleil et de la Lune étaient essentiels à l'organisation des activités agricoles, comme les semailles et les récoltes, tandis que les constellations étaient souvent associées à des divinités et à des mythes, reflétant la croyance selon laquelle les dieux célestes influençaient les phénomènes naturels et le destin humain. L'astronomie était donc indissociable de l'astrologie, et le ciel était considéré comme le reflet de l'ordre cosmique et divin.

L'étude du cosmos a évolué au rythme des civilisations. Les Grecs de l'Antiquité, avec des figures comme Aristote, Ptolémée et Hipparque, ont donné à l'astronomie un caractère plus systématique et théorique, posant ainsi les fondements de la science moderne. Le Moyen Âge a vu la préservation et l'enrichissement de ces connaissances par les érudits musulmans, dont les traductions et commentaires de textes classiques ont été fondamentaux pour la Renaissance européenne. C'est durant cette période que la révolution copernicienne, menée par Nicolas Copernic, Galilée et Johannes Kepler, a radicalement transformé notre compréhension de l'univers, remplaçant le modèle géocentrique par un modèle héliocentrique.

Au XXe siècle, l'astronomie a connu une révolution encore plus profonde, portée par des avancées technologiques sans précédent. L'invention du télescope spatial Hubble, le développement de la radioastronomie et l'exploration robotique du système solaire ont considérablement élargi nos horizons. Plus récemment, le télescope spatial James Webb (JWST) nous a offert des vues inédites de l'univers primitif, tandis que des missions comme New Horizons et Perseverance continuent de percer les secrets de Pluton et de Mars. Par ailleurs, la découverte d'exoplanètes dans des zones habitables et les progrès de l'astrobiologie ont relancé la recherche de vie au-delà de la Terre.

Cet ouvrage, L'Histoire de l'astronomie : de la préhistoire au XXIe siècle, retrace ce fascinant voyage, des premières observations célestes aux découvertes les plus récentes qui redéfinissent notre compréhension du cosmos. Plus qu'un récit historique, ce livre célèbre la curiosité humaine et le désir inné d'explorer l'inconnu. Nous espérons qu'il inspirera les lecteurs à contempler le ciel avec le même émerveillement et la même admiration qui ont animé nos ancêtres et qui continuent de motiver les scientifiques d'aujourd'hui.

CHAPITRE 1 : L'ASTRONOMIE EN PRÉHISTOIRE

Depuis l'aube de l'humanité, le ciel nocturne suscite fascination et curiosité. En observant les points lumineux qui brillaient dans la voûte céleste, les premiers hommes se sont interrogés sur leur origine et leur signification. Ces observations n'étaient pas seulement contemplatives ; elles avaient de profondes implications pratiques, spirituelles et culturelles. L'astronomie est ainsi née du besoin de comprendre et d'interpréter les phénomènes célestes, devenant l'une des premières formes de connaissance organisée de l'humanité.

Avant même l'émergence des premières civilisations, les sociétés préhistoriques utilisaient déjà le ciel comme ressource essentielle à leur survie et à leur organisation sociale. Autour des feux de camp, qui servaient à la fois de protection et de socialisation, les premiers humains identifiaient des schémas dans les mouvements du Soleil, de la Lune et des étoiles. Ces schémas guidaient non seulement les activités quotidiennes, comme la chasse et la cueillette, mais inspiraient également des récits et des rituels mythologiques cherchant à expliquer l'origine et le fonctionnement du cosmos.

L'archéologie a révélé des preuves impressionnantes des connaissances astronomiques des sociétés préhistoriques. Des monuments mégalithiques tels que Stonehenge en Angleterre et le cromlech d'Almendros au Portugal illustrent parfaitement la manière dont ces cultures anciennes ont intégré l'astronomie à leurs pratiques religieuses et sociales. Ces structures, construites selon un alignement précis avec les phénomènes célestes, témoignent d'une compréhension approfondie des cycles solaires et lunaires.

Stonehenge et les connaissances astronomiques préhistoriques

Situé dans la plaine de Salisbury, dans le Wiltshire, près de Londres, Stonehenge est sans doute le monument préhistorique le plus emblématique associé à l'astronomie. Sa construction, datant d'environ 3000 av. J.-C., a nécessité le transport et la mise en place d'énormes blocs de pierre, dont certains pesaient jusqu'à 26 tonnes. L'axe principal du monument est aligné avec le lever du soleil au solstice d'été et son coucher au solstice d'hiver, suggérant un lien direct avec les cycles saisonniers.

Stonehenge

Stonehenge

L'astronome britannique Sir Joseph Norman Lockyer (1836–1920) fut l'un des premiers à proposer une fonction astronomique à Stonehenge et à d'autres monuments mégalithiques. Dans sa thèse, Lockyer soutenait que ces sites étaient construits pour marquer des événements célestes importants tels que les solstices et les équinoxes. S'il est inexact de dire que Stonehenge servait d'observatoire au sens moderne du terme, il est clair qu'il servait de lieu de culte et d'observation, où les rituels païens étaient étroitement liés aux cycles astronomiques.

Le cercle extérieur de Stonehenge, composé de 28 pierres, pourrait représenter le cycle lunaire, qui dure environ 28 jours. Ce type d'alignement n'est pas propre à Stonehenge ; on trouve des monuments similaires dans toute l'Europe, comme le cromlech d'Almendros près d'Évora, au Portugal. Ce site archéologique, datant du Néolithique, est composé de 92 menhirs disposés en cercles et en alignements qui témoignent d'une compréhension approfondie des phénomènes célestes.

Cromlech d'amandiers.

Cromlech d'amandiers.

Astronomie et culture dans les sociétés préhistoriques

Outre les monuments mégalithiques, l'astronomie préhistorique est également présente dans les artefacts et les pratiques culturelles. Des masques et des objets ornés de symboles solaires et lunaires ont été découverts dans diverses régions du monde, indiquant que le culte des étoiles était une pratique courante dans les sociétés anciennes. Ces artefacts suggèrent que les phénomènes célestes étaient considérés comme des manifestations divines influençant à la fois le monde naturel et le destin humain.

Masque d'esprit lunaire de style Pacifique Nord-Ouest, sculpté et peint à la main, reproduction chamanique « Éclipse lunaire »

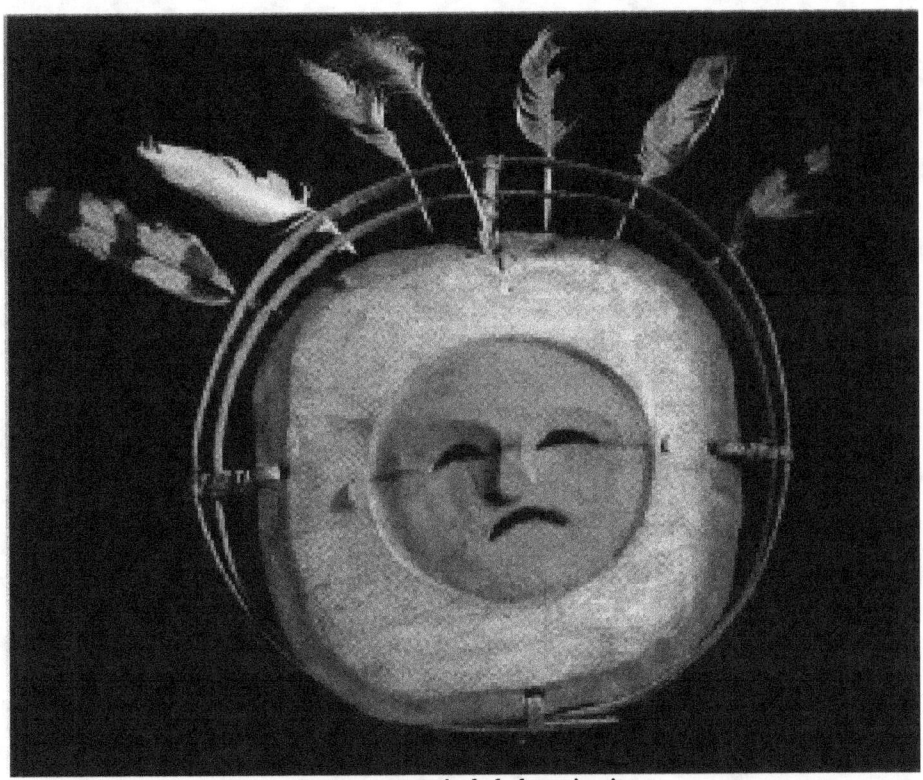

Images : Esprit de la lune inuit

L'esprit lunaire inuit est une représentation symbolique très importante dans la cosmologie de ce peuple arctique. Des masques inuits comme ceux-ci sont souvent utilisés lors de rituels, de danses et de cérémonies spirituelles, souvent liés à la chasse, à la nature et aux cycles célestes.

Signification des éléments du masque spirituel de la Lune

1. **Bordure autour du masque → Représente l'air**
   - L'air est essentiel à la survie dans l'Arctique et est lié au souffle de vie et aux esprits invisibles qui imprègnent le monde.
2. **Anneaux → Ils représentent les niveaux du cosmos.**
   - Les Inuits croient en une vision cosmique divisée en différentes couches ou niveaux,

qui relient le monde des humains, des esprits et des dieux.

3. **Plumes → Elles représentent les étoiles**
   - Dans l'Arctique, où la nuit peut durer des mois, les étoiles jouent un rôle essentiel dans l'orientation et la tenue du calendrier des Inuits. De plus, de nombreuses cultures autochtones d'Amérique du Nord associent les plumes aux esprits et à la communication avec l'au-delà.

La lune dans la culture inuite : La Lune revêt une importance capitale car, durant les longs mois de l'hiver polaire, elle constitue la principale source de lumière. Ce peuple possède plusieurs légendes associées à la Lune, dont beaucoup sont liées à Malina et Anningan, qui représentent respectivement le Soleil et la Lune dans la mythologie inuite. Selon une version du mythe, Anningan (la Lune masculine) poursuit constamment Malina (le Soleil féminin), ce qui explique les cycles lunaires.

Fonction rituelle : Ces masques étaient utilisés lors de festivals, de rituels chamaniques et de cérémonies de remerciement aux esprits des animaux chassés. Le chaman, médiateur entre les mondes spirituel et physique, pouvait les utiliser pour invoquer les forces cosmiques, demander conseil ou assurer le succès de la chasse. Ce type d'artefact illustre comment les peuples de l'Arctique ont développé un lien profond avec la nature et les étoiles, façonnant leurs croyances et leurs pratiques autour des phénomènes célestes.

L'HISTOIRE DE L'ASTRONOMIE

Disque solaire brun tribal du nord-ouest du Pacifique

Un autre fait important est que les communautés agricoles s'appuyaient sur les connaissances astronomiques pour déterminer les meilleures périodes de semis et de récolte. L'essor des premières civilisations, telles que les Sumériens, les Égyptiens et les Chinois, a marqué la transition d'une astronomie pratique et rituelle vers une approche plus systématique et documentée. Cependant, les racines de ce savoir remontent aux observations et aux pratiques des sociétés préhistoriques.

L'astronomie préhistorique n'était pas une science au sens moderne du terme, mais plutôt une forme de connaissance intégrée à la vie quotidienne, à la spiritualité et à l'organisation sociale. Monuments mégalithiques, artefacts symboliques et pratiques culturelles révèlent que les premiers humains possédaient une compréhension approfondie des cycles célestes. Cet héritage, né d'observations autour de feux de camp, a évolué au fil des millénaires et a abouti aux théories et technologies complexes qui caractérisent l'astronomie contemporaine.

CHAPITRE 2 : CONSTELLATIONS

Depuis l'aube de l'humanité, le ciel nocturne suscite fascination et étude. Le besoin d'organiser et de cataloguer l'information, inhérent à l'humanité, s'est également manifesté dans l'observation des étoiles. Tout comme nous créons des cartes pour nous orienter sur Terre, nous avons élaboré des cartes célestes pour naviguer dans les cieux. Sur ces cartes, les constellations servent de références, regroupant les étoiles selon des motifs reconnaissables, reflets des mythes, des croyances et des savoirs des cultures qui les ont créées.

L'origine des constellations

Les constellations sont des motifs imaginaires formés d'étoiles qui apparaissent proches les unes des autres dans le ciel, mais qui, en réalité, peuvent se trouver à des distances très différentes de la Terre. Ces groupements ont été créés par diverses civilisations au cours de l'histoire, servant d'outils d'orientation, de calendriers agricoles et de récits mythologiques. À l'origine, les constellations étaient liées à la croyance selon laquelle les corps célestes influençaient le destin humain, une idée qui perdure encore aujourd'hui sous la forme de l'astrologie, malgré son manque de fondement scientifique.

Pour les astronomes modernes, les constellations n'ont aucune signification physique, mais elles constituent une aide précieuse à la mémoire et à la référence. Elles aident à localiser les objets célestes et à communiquer intuitivement leur position dans le ciel. Chaque constellation occupe une région délimitée par des coordonnées astronomiques, telles que l'ascension droite et la déclinaison, qui définissent sa surface dans le firmament.

Diversité culturelle dans les constellations

Bien que ce chapitre se concentre sur les constellations

occidentales, il est important de noter que différentes cultures ont développé leurs propres systèmes de groupement stellaire. Par exemple :

La Chine ancienne Astronomie et constellations – Dans la Chine antique, l'astronomie était intimement liée à la culture, à la philosophie et à la mythologie. Les astronomes chinois ont développé un système unique de cartographie du ciel, reflétant leurs croyances et leurs besoins pratiques, comme la mesure du temps et la prédiction des événements saisonniers.

1. Les 28 « Maisons lunaires » (Xiu) : Les 28 maisons lunaires étaient des divisions du ciel le long de l'écliptique (la trajectoire apparente du Soleil, de la Lune et des planètes). Chaque « maison » correspondait à une région spécifique du ciel et était associée au mouvement de la Lune, qui met environ 27,3 jours pour effectuer une orbite autour de la Terre. Ces divisions servaient à marquer le temps, à prédire les saisons et à guider les rituels religieux. Chaque maison lunaire avait une signification symbolique, souvent liée aux mythes et légendes chinois.

2. Les 122 constellations chinoises : Contrairement au système occidental de 88 constellations, les Chinois en ont identifié 122, dont beaucoup étaient plus petites et plus nombreuses. Les constellations chinoises reflétaient souvent des mythes locaux, des philosophies comme le taoïsme et le confucianisme, et des éléments de la nature. Par exemple, la constellation du Dragon (représentant le pouvoir et la sagesse) et celle du Phénix (symbole du renouveau) étaient importantes. L'astronomie chinoise incluait également l'observation de phénomènes célestes tels que les comètes, les supernovae et les éclipses, considérés comme des présages.

L'HISTOIRE DE L'ASTRONOMIE

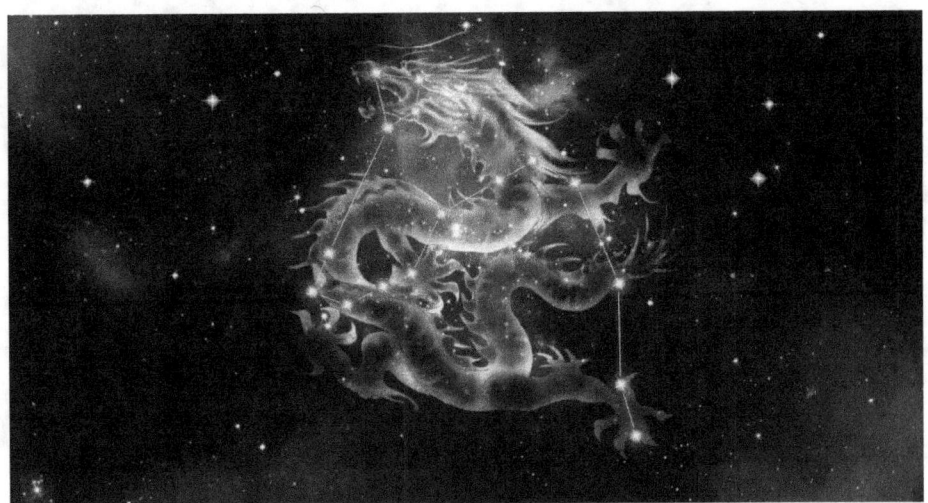

Constellation du Dragon

3. Influence culturelle : L'astronomie chinoise était utilisée à des fins pratiques, comme la création de calendriers agricoles, et également à des fins divinatoires, avec la croyance que les événements célestes influençaient la vie sur Terre.

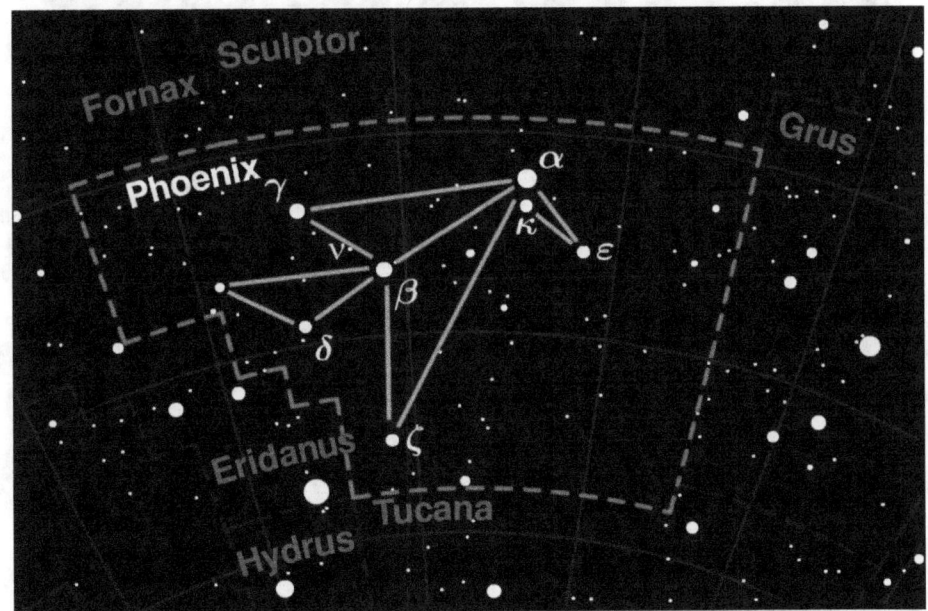

Constellation du Phénix

Peuples andins : Constellations et cosmologie - Les peuples indigènes des Andes, comme les Incas et leurs civilisations prédécesseurs, avaient une vision unique du ciel, intégrant l'astronomie, la religion et la vie quotidienne.

1. Constellations andines : Les peuples andins identifiaient des constellations qui représentaient souvent des animaux, des plantes et des éléments de la nature. Par exemple, la constellation du Lama (ou « Yacana ») était l'une des plus importantes, associée à la protection et à la fertilité. Outre les constellations d'étoiles, les Andins reconnaissaient également les « constellations sombres », formées par des taches sombres dans la Voie lactée. Ces zones étaient considérées comme des figures mythologiques, comme la Grenouille ou le Serpent.

Constellation du Lama ou Yacana

2. Cosmologie et religion : L'astronomie andine était profondément liée à la religion. Le Soleil (Inti) et la Lune (Mama Quilla) étaient des dieux centraux de la cosmologie inca. Les mouvements célestes étaient interprétés comme des messages divins. Les temples et observatoires, comme le Coricancha à Cuzco, étaient alignés sur des événements astronomiques comme les solstices et les équinoxes.

3. Utilisation pratique : L'observation du ciel était essentielle à l'agriculture, permettant de déterminer les périodes de semis et de récolte. Elle servait également à l'orientation géographique et à la planification des cérémonies religieuses.

Navigateurs polynésiens : Navigation par les étoiles - Le peuple polynésien est célèbre pour ses compétences en matière de navigation, qui lui ont permis de coloniser de vastes zones de l'océan Pacifique, d'Hawaï à la Nouvelle-Zélande, sans utiliser d'instruments modernes.

1. Techniques de navigation : Les navigateurs polynésiens utilisaient une combinaison d'observation des étoiles, de courants océaniques, de mouvements des vagues et de vol des oiseaux pour naviguer. Ils mémorisaient la position et le mouvement des étoiles et des constellations, qui servaient de « cartes » célestes. Par exemple, la constellation d'Orion (appelée « Hoku-le'a » à Hawaï) était une référence importante.

La constellation d'Orion, appelée « Hoku-le'a » à Hawaï

2. Constellations polynésiennes : Outre Orion, d'autres

constellations, comme la Croix du Sud, étaient utilisées pour la navigation. Chaque île ou groupe d'îles avait sa propre interprétation des constellations, souvent associée à des mythes locaux. La Voie lactée était considérée comme une « route » ou un fleuve céleste qui guidait les navigateurs.

3. Connaissances transmises oralement : Les connaissances astronomiques et de navigation étaient transmises oralement, de génération en génération, par le biais de chants, de récits et de pratiques. Les maîtres navigateurs (appelés « éclaireurs ») étaient très respectés.

4. Importance culturelle : La navigation par les étoiles n'était pas seulement une compétence pratique, mais aussi un élément central de l'identité culturelle polynésienne, reflétant leur lien avec la mer et le ciel.

Ces trois exemples montrent comment différentes cultures ont développé des systèmes astronomiques uniques, reflétant leurs croyances, leurs besoins et leur environnement. Chacune de ces traditions a contribué à la compréhension humaine du ciel et de notre place dans l'univers.

Ces variations culturelles démontrent comment le ciel était interprété de différentes manières, reflétant les valeurs et les besoins de chaque société.

La systématisation des constellations occidentales

La version moderne des constellations occidentales trouve ses origines dans la Grèce antique, plus précisément dans les travaux de l'astronome Claude Ptolémée (IIe siècle apr. J.-C.). Dans son ouvrage Almageste, Ptolémée a compilé un catalogue de 48 constellations, dont beaucoup sont encore reconnues aujourd'hui, comme Orion, le Taureau et Pégase. Ces groupements étaient hérités de traditions antérieures, notamment celles des Babyloniens et des Égyptiens.

Les noms d'étoiles ont également des origines diverses. Si

beaucoup, comme « Aldébaran » et « Bételgeuse », sont d'origine arabe, d'autres reflètent des influences grecques, latines, voire modernes. Par exemple, les étoiles de l'hémisphère sud, comme « Acrux » (l'étoile la plus brillante de la constellation de la Croix du Sud), ont reçu leur nom au début de l'époque moderne, lorsque les explorateurs européens ont cartographié le ciel austral.

Tentatives de redéfinition des constellations

Tout au long de l'histoire, des tentatives ont été faites pour remodeler les constellations afin de refléter de nouveaux contextes culturels ou religieux. Un exemple notable est l'œuvre de Julius Schiller, qui publia Coelum Stellatum Christianum en 1627. Dans cet ouvrage, Schiller proposait de remplacer les figures mythologiques des constellations par des symboles chrétiens, tels que des saints et des apôtres. Malgré sa créativité, cette proposition ne fut pas largement adoptée.

La représentation des constellations dans la culture

Les constellations ont été représentées dans divers médias au fil des siècles. La publication du Poeticon Astronomicon de Gaius Julius Hyginus en 1482 a marqué une étape importante. Ce fut le premier ouvrage à inclure des représentations imprimées des constellations, consolidant ainsi leur iconographie dans la culture occidentale. Depuis, de nombreux ouvrages ont été consacrés à la description et à l'illustration de ces amas d'étoiles.

Les constellations dans l'astronomie moderne

Pour les astronomes contemporains, les constellations sont plus que de simples figures imaginaires ; ce sont des régions du ciel aux limites précises, définies par l'Union astronomique internationale (UAI) en 1922. Aujourd'hui, le ciel est divisé en 88 constellations officielles, qui couvrent l'intégralité de la voûte céleste. Cette standardisation facilite la localisation des objets astronomiques et la communication entre scientifiques.

Définition technique des constellations modernes

Limites et coordonnées : Les constellations modernes sont définies comme des zones rectangulaires dans le ciel, dont les limites sont basées sur les coordonnées célestes (ascension droite et déclinaison). Cela permet de localiser précisément les objets astronomiques. Ces limites ont été établies par Eugène Delporte en 1930, sous la supervision de l'UAI, et sont basées sur le système de coordonnées équatoriales.

Objectifs de la normalisation : Faciliter la communication scientifique en permettant aux astronomes de différents pays et cultures de se référer aux mêmes régions du ciel. Servir de système de référence pour la localisation des étoiles, des galaxies, des nébuleuses et autres objets célestes.

L'importance des constellations dans l'astronomie contemporaine

Navigation et orientation : Bien que la navigation moderne repose sur des technologies comme le GPS, les constellations restent utiles à des fins éducatives et en cas d'urgence. En astronomie d'observation, les constellations aident les astronomes amateurs et professionnels à localiser les objets célestes.

Recherche scientifique : Les constellations servent de système de coordonnées pour cartographier le ciel et étudier la répartition des étoiles, des galaxies et d'autres phénomènes. Elles sont utilisées dans des projets à grande échelle comme le Sloan Digital Sky Survey (SDSS), qui cartographie des millions d'objets célestes.

Éducation et vulgarisation scientifique : Les constellations constituent un outil pédagogique important pour l'enseignement des concepts fondamentaux de l'astronomie, tels que le mouvement apparent des étoiles et la sphère céleste. Elles contribuent également à la vulgarisation de l'astronomie en suscitant l'intérêt pour le ciel nocturne.

Critiques et limites du système moderne

Déconnexion culturelle : Le système de 88 constellations de l'UAI repose principalement sur la tradition occidentale, ignorant les apports d'autres cultures, comme les constellations chinoises, andines et polynésiennes. Cela reflète une vision eurocentrique de l'astronomie, qui peut être critiquée pour négliger la diversité culturelle.

Déclin de l'utilisation pratique : Avec les progrès technologiques, tels que les télescopes automatisés et les logiciels de cartographie du ciel, l'importance pratique des constellations a diminué pour les astronomes professionnels.
Ils restent néanmoins pertinents pour les astronomes amateurs et à des fins éducatives.

Perspectives d'avenir
Intégration des savoirs traditionnels : On observe un mouvement croissant en faveur de la reconnaissance et de l'intégration des systèmes astronomiques d'autres cultures, comme les constellations des peuples autochtones, dans les initiatives d'éducation et de vulgarisation scientifiques. Des projets comme l'Astronomie autochtone visent à préserver et à valoriser ces connaissances.

Technologies émergentes : Des outils tels que la réalité augmentée et les applications d'astronomie ravivent l'intérêt pour les constellations, permettant d'explorer le ciel de manière interactive. Ces technologies peuvent également contribuer à combiner le système de constellations moderne avec diverses interprétations culturelles.

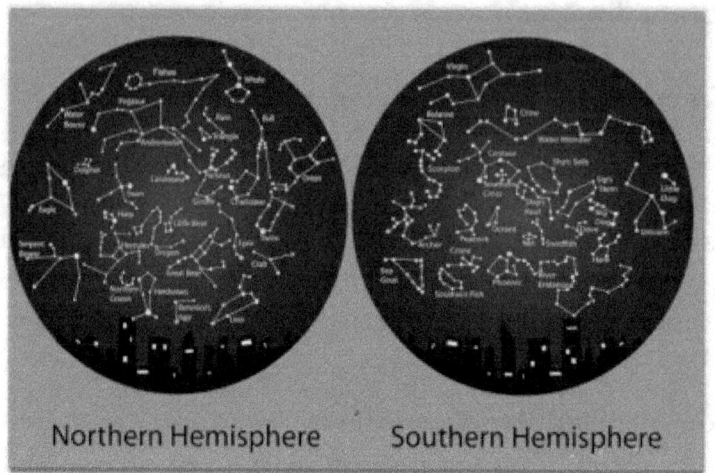

carte céleste

Dans l'Antiquité, des formes tridimensionnelles étaient même attribuées autour des lignes de jonction.

Les constellations témoignent de la créativité et de la curiosité humaines. De leurs origines comme outils d'orientation et récits mythologiques à leur systématisation comme références scientifiques, elles reflètent l'évolution de notre compréhension du cosmos. Aujourd'hui, bien que nous sachions que les étoiles d'une constellation ne sont pas physiquement connectées, ces motifs continuent d'inspirer et de guider notre exploration de l'univers.

CHAPITRE 3 : L'ASTRONOMIE DANS L'ANTIQUITÉ

L'astronomie antique était marquée par une quête incessante pour comprendre les mouvements célestes et leur lien avec la vie sur Terre. Des premières civilisations du Moyen-Orient aux philosophes grecs, l'étude du cosmos a évolué, passant d'observations pratiques à des modèles théoriques complexes qui ont jeté les bases de la science moderne. Ce chapitre explore les contributions des civilisations babylonienne, égyptienne et grecque, soulignant comment leurs découvertes ont façonné la pensée astronomique.

L'astronomie en Mésopotamie : les Babyloniens

La civilisation babylonienne, située en Mésopotamie (aujourd'hui l'Irak), fut l'une des premières à développer un système organisé d'observation et d'enregistrement des phénomènes célestes. Durant la période paléo-babylonienne (vers 1830-1531 av. J.-C.), sous la dynastie d'Hammourabi, les Babyloniens commencèrent à documenter méticuleusement les mouvements du Soleil, de la Lune et des planètes. Ces enregistrements, gravés sur des tablettes d'argile, révèlent une connaissance avancée des mathématiques et de l'astronomie, qui influença profondément le développement des sciences dans d'autres cultures, notamment grecques et égyptiennes.

Le système numérique sexagésimal

L'un des héritages les plus durables des Babyloniens fut le développement du système numérique sexagésimal (base 60). Ce système, qui peut paraître inhabituel aujourd'hui, était extrêmement efficace pour les calculs astronomiques et mathématiques. La division de l'heure en 60 minutes et de la minute en 60 secondes, ainsi que la division du cercle en 360 degrés, sont des héritages directs du système babylonien. Le choix du nombre 60 comme base est dû à sa grande divisibilité, qui facilitait les calculs complexes, notamment pour la mesure du temps et des angles.

Les Babyloniens furent également les premiers à utiliser un symbole pour représenter le zéro, une innovation cruciale en mathématiques et en astronomie. Cette avancée permit des opérations arithmétiques plus sophistiquées, comme la résolution d'équations et le calcul de positions planétaires avec une plus grande précision.

Le calendrier lunaire et le cycle métonique

Les Babyloniens ont développé un calendrier lunaire basé sur les phases de la Lune, qui divisait l'année en 12 mois d'environ 28 jours chacun. Cependant, l'année lunaire (354 jours) étant plus courte que l'année solaire (365 jours), les Babyloniens ont dû synchroniser les deux cycles. Pour résoudre ce problème, ils ont introduit un mois supplémentaire tous les 19 ans, un cycle appelé cycle métonique. Ce système garantissait l'alignement du calendrier lunaire sur les saisons, essentielles à l'agriculture et aux activités religieuses.

Le cycle métonique fut une réalisation remarquable de l'astronomie babylonienne et influença le développement des calendriers dans d'autres cultures, notamment grecques et juives. La précision de ce système témoigne du haut niveau de sophistication mathématique et observationnelle atteint par les Babyloniens.

Extrait d'une tablette babylonienne de Sippar, gravée en 870 av. J.-C., aujourd'hui conservée au British Museum. Un texte voisin évoque la restauration d'une ancienne image du dieu solaire Shamash.

Prédiction des éclipses et des mouvements planétaires

Les Babyloniens furent les premiers à développer des techniques systématiques de prédiction des éclipses lunaires et solaires. Ils observèrent que les éclipses se produisaient selon des cycles réguliers, appelés saros, d'une durée d'environ 18 ans et 11 jours. En enregistrant méticuleusement les éclipses au fil des siècles, les astronomes babyloniens purent prédire ces événements avec une précision impressionnante pour leur époque.

Outre les éclipses, les Babyloniens étudiaient également les mouvements des planètes. Ils identifièrent des schémas dans les mouvements apparents de planètes telles que Vénus, Mars et Jupiter et élaborèrent des tables mathématiques pour prédire leur position dans le ciel. Ces tables, appelées éphémérides, étaient utilisées à des fins astronomiques et astrologiques, reflétant le lien étroit entre science et religion dans la culture babylonienne.

cycle métonique

Astronomie et astrologie

À Babylone, l'astronomie et l'astrologie étaient étroitement liées. Les astronomes babyloniens croyaient que les phénomènes célestes avaient un impact direct sur les événements terrestres, notamment sur le destin des individus et la réussite des récoltes. Ils ont développé un système complexe de présages célestes, consigné dans des textes tels que l'Enuma Anu Enlil, qui recense plus de 7 000 interprétations d'événements astronomiques tels que les éclipses, les comètes et les conjonctions planétaires.

Bien que cette vision astrologique puisse paraître superstitieuse aujourd'hui, elle reflétait une tentative de comprendre et de prédire le monde naturel par l'observation systématique. L'astrologie babylonienne a profondément influencé les pratiques astrologiques d'autres cultures, notamment grecque, romaine et arabe.

L'astronomie babylonienne était l'une des plus avancées du monde antique, alliant observation méticuleuse, mathématiques sophistiquées et une vision intégrée du cosmos qui unissait science et religion. Son héritage, du système sexagésimal au cycle métonique en passant par les techniques de prédiction des éclipses, continue d'influencer notre compréhension du temps, de l'espace et des mouvements célestes. Les Babyloniens ont démontré qu'une observation systématique et une tenue de registres précis peuvent mener à d'importantes découvertes scientifiques, un principe qui demeure fondamental pour l'astronomie moderne.

L'astronomie dans l'Égypte ancienne

Dans l'Égypte antique, l'astronomie était une science profondément ancrée dans la religion, l'architecture et la vie quotidienne. Les Égyptiens développèrent des connaissances astronomiques sophistiquées, qui guidèrent non seulement leurs pratiques agricoles et religieuses, mais influencèrent également la construction de monuments impressionnants tels que les pyramides et les temples. Leurs observations du ciel étaient méticuleuses et témoignaient d'une compréhension avancée des cycles célestes pour leur époque.

La déesse égyptienne Nout (le firmament) tenue par le dieu Shu et séparée de son amant (la Terre).

Observations célestes et agriculture

L'astronomie égyptienne était étroitement liée à l'agriculture, fondement de l'économie de l'Égypte antique. Le cycle annuel du Nil, avec ses crues et ses reflux, était crucial pour la fertilisation des terres et la réussite des cultures. Les Égyptiens observaient le ciel pour prédire le début de la crue annuelle, qui coïncidait avec l'apparition héliaque de l'étoile Sirius (Sothis, pour les Égyptiens) à l'horizon oriental, juste avant l'aube. Cet événement marquait le début du Nouvel An égyptien et était célébré comme une période de renouveau et de prospérité.

Ce lien entre le ciel et la terre a conduit les Égyptiens à élaborer l'un des premiers calendriers solaires de l'histoire. Ce calendrier comprenait 12 mois de 30 jours chacun, pour un total de 360 jours, auxquels s'ajoutaient cinq jours supplémentaires (appelés jours épagomènes) en fin d'année. Ces jours supplémentaires étaient consacrés aux célébrations religieuses en l'honneur des dieux. Le calendrier solaire égyptien a marqué une étape importante dans l'histoire de la mesure du temps, influençant plus tard le calendrier julien, puis le calendrier grégorien, que nous utilisons aujourd'hui.

L'alignement des pyramides était réalisé par le pharaon

avec l'aide de la grande prêtresse.

Lors de la construction de la pyramide, les faces Est et Ouest ont été alignées en premier, et les faces Sud et Nord ont été alignées perpendiculairement à la première.

L'étoile polaire et l'orientation des pyramides

Les Égyptiens possédaient également une connaissance approfondie de la sphère céleste. Ils identifiaient l'étoile Thuban, dans la constellation du Dragon, comme l'étoile polaire de l'époque. En raison de la précession des équinoxes, l'axe de rotation de la Terre se déplace lentement au fil des siècles, ce qui fait que différentes étoiles occupent la position de l'étoile polaire à différents moments. Thuban était l'étoile polaire vers 3000 av. J.-C., et les Égyptiens l'utilisaient comme référence pour orienter leurs bâtiments.

L'alignement précis des pyramides avec les points cardinaux est l'un des exemples les plus impressionnants du savoir astronomique égyptien. La Grande Pyramide de Gizeh, construite sous le règne de Khéops, est alignée avec une précision remarquable sur le nord géographique. Les bâtisseurs égyptiens utilisaient des méthodes d'observation astronomique pour déterminer la direction du nord. Une technique possible consistait à utiliser un merkhet, un instrument semblable à un cadran solaire, pour observer le mouvement des étoiles circumpolaires comme Thuban tout au long de la nuit. L'alignement des pyramides reflète non seulement la maîtrise technique des Égyptiens, mais aussi leur croyance dans le lien entre les mondes terrestre et céleste.

Astronomie et religion

Dans l'Égypte antique, l'astronomie était intimement liée à la religion. Les dieux égyptiens étaient souvent associés aux corps célestes et aux phénomènes astronomiques. Par exemple, Râ, le dieu du Soleil, était représenté par un disque solaire parcourant le ciel le jour et les enfers la nuit. La Lune était associée à Thot, dieu de la sagesse et de l'écriture, tandis que Sirius était lié à la déesse Isis, symbole de fertilité et de renaissance.

Les temples égyptiens étaient construits selon des orientations astronomiques spécifiques, souvent alignées sur le lever ou le coucher du soleil à des dates importantes comme les solstices et les équinoxes. Le temple de Karnak, par exemple, a été conçu de manière à ce que le soleil illumine le sanctuaire intérieur lors du solstice d'hiver, renforçant ainsi le lien entre le pharaon, considéré comme un dieu sur Terre, et le dieu soleil.

Contributions à l'astronomie ultérieure

L'héritage astronomique de l'Égypte antique a influencé d'autres civilisations, dont les Grecs. Hérodote, l'historien hellénistique, rapporte que les Hellènes ont beaucoup appris en astronomie auprès des Égyptiens. Leur connaissance du mouvement des corps célestes et de la mesure du temps a été fondamentale pour le développement de l'astronomie en Grèce antique et, plus tard, en Occident.

L'astronomie dans l'Égypte antique était une combinaison unique d'observation pratique, de précision mathématique et de symbolisme religieux. Les Égyptiens maîtrisaient non seulement l'art de prédire les événements célestes, mais intégraient également ce savoir à leur architecture, leur agriculture et leurs pratiques religieuses. Leur calendrier solaire, l'alignement précis des pyramides et l'association entre dieux et corps célestes témoignent d'une civilisation qui considérait le ciel comme une extension de leur monde terrestre. Cet héritage continue d'inspirer et d'éclairer notre compréhension du cosmos aujourd'hui encore.

L'astronomie dans la Grèce antique

La Grèce antique est souvent considérée comme le berceau de l'astronomie occidentale, car c'est là que les phénomènes célestes ont commencé à être étudiés systématiquement, combinant observation, mathématiques et philosophie. Les Grecs anciens ont non seulement hérité des connaissances de civilisations antérieures, comme les Babyloniens et les Égyptiens, mais ont également franchi une étape importante dans la recherche d'explications rationnelles et scientifiques aux mouvements des corps célestes. Cette approche a marqué la transition d'une vision mythologique du cosmos à une compréhension fondée sur des modèles théoriques et mathématiques.

Les premiers philosophes et la recherche d'explications naturelles

Les premiers philosophes grecs, appelés présocratiques, furent des pionniers dans la remise en question de la nature de l'univers et la recherche d'explications indépendantes des mythes et des divinités. Parmi eux figuraient Thalès de Milet, Anaximandre et Pythagore, dont les idées ont jeté les bases du développement de l'astronomie en tant que science.

Thalès de Milet (625–547 av. J.-C.) : Considéré comme le premier philosophe occidental, Thalès affirmait que l'eau était l'élément fondamental de l'univers. Bien que sa cosmologie fût simple, il fut l'un des premiers à rechercher des explications naturelles aux phénomènes célestes, plutôt que de les attribuer à des divinités. Thalès prédit également une éclipse solaire en 585 av. J.-C., un exploit qui démontra l'application pratique des connaissances astronomiques.

Anaximandre (610–545 av. J.-C.) : Disciple de Thalès, Anaximandre suggéra que la Terre était cylindrique et que les corps célestes étaient des trous dans des sphères de feu tournant autour d'elle. Il introduisit l'idée d'un univers ordonné et infini, régi par des lois naturelles, en contradiction avec les explications mythologiques dominantes.

Pythagore (570–495 av. J.-C.) : Pythagore et ses disciples croyaient que l'univers était régi par des relations mathématiques et harmoniques. Ils furent les premiers à proposer la sphère terrestre, en se basant sur des observations telles que la forme circulaire de l'ombre terrestre lors des éclipses lunaires. L'idée d'une Terre ronde marqua une étape cruciale dans le développement de l'astronomie et de la géographie.

modèles cosmologiques grecs

À mesure que les connaissances astronomiques progressaient, les philosophes grecs élaborèrent des modèles cosmologiques de plus en plus sophistiqués pour expliquer les mouvements des planètes et la structure de l'univers. Parmi les plus influents figurent les systèmes proposés par Eudoxe, Aristote et Ptolémée.

Eudoxe de Cnide (408-355 av. J.-C.) : Eudoxe proposa un modèle de sphères concentriques, dans lequel chaque planète était mue par une série de sphères en rotation. Ce modèle cherchait à expliquer les mouvements apparemment irréguliers des planètes, comme les mouvements rétrogrades, en combinant des mouvements circulaires uniformes. Bien que le modèle d'Eudoxe fût ingénieux, il ne permettait pas de prédire avec précision tous les phénomènes observés.

Aristote (384-322 av. J.-C.) : Aristote a adopté et développé le modèle d'Eudoxe, affirmant que l'univers était divisé en deux régions : le monde sublunaire, sujet aux changements et aux imperfections, et le monde céleste, où les corps célestes se déplaçaient sur des orbites parfaitement circulaires. Il soutenait que la Terre se tenait immobile au centre de l'univers, une vision qui a dominé la pensée occidentale pendant plus de mille ans. La cosmologie d'Aristote a été largement acceptée en raison de sa cohérence philosophique et du prestige de son auteur.

Ptolémée (100-170 apr. J.-C.) : Ptolémée synthétisa les connaissances astronomiques grecques dans son ouvrage Almageste, où il proposa un système géocentrique raffiné, avec épicycles et déférents, pour expliquer les mouvements apparemment irréguliers des planètes. Le modèle ptolémaïque permettait de prédire la position des planètes avec une précision remarquable pour l'époque et fut largement adopté jusqu'à la révolution scientifique du XVIe siècle. Malgré sa complexité, le système de Ptolémée représentait l'apogée de l'astronomie grecque antique.

L'influence de la philosophie et des mathématiques

L'astronomie de la Grèce antique était profondément influencée par la philosophie et les mathématiques. Des philosophes comme Platon et Aristote croyaient que l'univers était un cosmos ordonné, régi par des lois naturelles compréhensibles par la raison et l'observation. Platon, en particulier, soutenait que les mouvements célestes devaient s'expliquer par des formes géométriques parfaites, telles que des cercles et des sphères.

Les mathématiques ont également joué un rôle crucial dans le développement de l'astronomie grecque. Pythagore et ses disciples croyaient que les nombres et les relations mathématiques étaient la clé de la compréhension de l'univers. Cette idée fut plus tard développée par des astronomes comme Hipparque, qui créa un catalogue d'étoiles et développa des méthodes de prédiction des éclipses basées sur des calculs mathématiques.

Conclusion

L'astronomie dans la Grèce antique a révolutionné la pensée humaine, marquant le passage d'une vision mythologique du cosmos à une approche scientifique fondée sur l'observation, les mathématiques et la philosophie. Les modèles cosmologiques proposés par des penseurs tels qu'Eudoxe, Aristote et Ptolémée ont dominé la pensée occidentale pendant des siècles et ont jeté les bases de l'astronomie moderne. L'héritage des Grecs anciens continue d'inspirer et d'éclairer notre compréhension de l'univers, démontrant le pouvoir de la raison et de la curiosité humaine dans la quête du savoir.

L'HISTOIRE DE L'ASTRONOMIE

Vision aristotélicienne de la Terre.

L'astronomie antique fut un voyage de découvertes et d'innovations, transformant l'observation céleste en une science systématique. Des archives babyloniennes aux théories grecques, chaque civilisation a contribué au développement d'outils et de concepts qui sont encore aujourd'hui fondamentaux pour l'astronomie. Ces efforts ont non seulement élargi notre compréhension du cosmos, mais ont également jeté les bases de la science moderne.

CHAPITRE 4 : ÉRATOSTENES DE CYRÈNE ET LA PREMIÈRE DÉTERMINATION DES DIMENSIONS DE LA TERRE

Ératosthène de Cyrène (276–194 av. J.-C.) fut l'un des plus éminents érudits de l'Antiquité, éminent mathématicien, géographe, astronome et directeur de la bibliothèque d'Alexandrie. Sa contribution la plus célèbre à la science fut la première mesure précise de la circonférence de la Terre, un exploit qui démontra non seulement la puissance de l'observation et des mathématiques, mais aussi l'audace intellectuelle de questionner et de mesurer le monde qui nous entoure.

Ératosthène

Ératosthène vécut à l'époque hellénistique, une époque d'intenses échanges culturels et scientifiques entre les civilisations grecque, égyptienne et mésopotamienne. En tant que directeur de la bibliothèque d'Alexandrie, il avait accès à un vaste savoir, qu'il combinait avec sa curiosité et ses talents mathématiques pour réaliser des découvertes révolutionnaires.

À l'époque d'Ératosthène, l'idée que la Terre était sphérique était déjà largement acceptée parmi les philosophes grecs, grâce à des penseurs comme Pythagore et Aristote. Cependant, personne n'avait encore tenté de mesurer précisément la taille de la planète. Ératosthène décida de relever ce défi, en utilisant des méthodes ingénieuses et des observations minutieuses.

La détermination de la circonférence de la Terre par Ératosthène reposait sur une observation simple mais brillante concernant l'angle du Soleil à deux endroits différents le même jour. L'expérience eut lieu lors du solstice d'été, lorsque le Soleil atteint son point culminant dans le ciel.

1. Observation à Syène (Assouan) : Ératosthène savait qu'à Syène (aujourd'hui Assouan, en Égypte), à midi, au solstice d'été, le soleil était directement au zénith, de sorte que les objets verticaux ne projetaient pas d'ombre. Cela signifiait que les rayons du soleil tombaient perpendiculairement sur la surface de la Terre à cet endroit.

2. Observation à Alexandrie : Le même jour et à la même heure, à Alexandrie, Ératosthène observa que les objets verticaux projetaient une ombre. Il mesura l'angle de cette ombre par rapport à la verticale, trouvant une valeur d'environ 7,2 degrés. Cet angle correspond à la différence de latitude entre Syène et Alexandrie.

Calcul de la circonférence de la Terre

Ératosthène réalisa que l'angle de 7,2 degrés représentait une fraction de la circonférence totale de la Terre. Comme 7,2 degrés correspond à 1/50 d'un cercle complet (360 degrés), il en déduisit que la distance entre Syène et Alexandrie correspondait à 1/50 de la circonférence de la Terre.

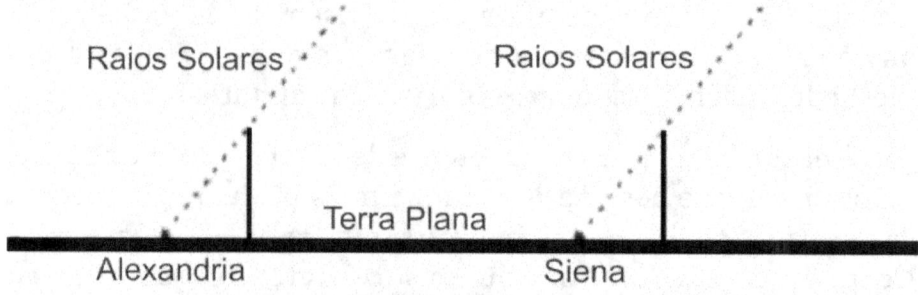

Si la Terre était plate, l'angle d'incidence des rayons du soleil serait le même sur toute la surface de la Terre.

Distance entre Syène et Alexandrie : Ératosthène estimait la distance entre les deux cités à environ 5 000 stades. Le stade était une unité de mesure à l'époque, et sa valeur exacte variait entre 157 et 185 mètres. En prenant une moyenne de 160 mètres par stade, la distance serait d'environ 800 kilomètres.

Calcul final : En multipliant la distance entre les villes par 50, Ératosthène est parvenu à une estimation de la circonférence terrestre d'environ 40 000 kilomètres. Cette valeur est remarquablement proche de la mesure actuelle, qui est d'environ 40 075 kilomètres à l'équateur.

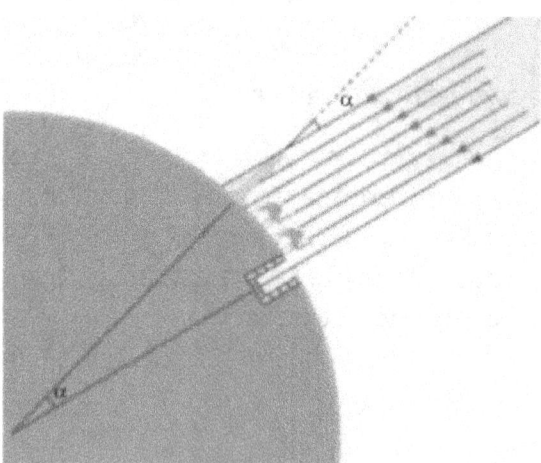

Détermination d'Eratosthène.

La mesure d'Ératosthène a marqué une étape importante dans l'histoire des sciences pour plusieurs raisons :

1. **Précision remarquable** : Compte tenu des outils et des connaissances disponibles à l'époque, la précision de ses calculs était impressionnante. Sa méthode démontrait qu'il était possible de mesurer la taille de la Terre à partir d'observations astronomiques et de mathématiques simples.

2. **Confirmation de la sphéricité de la Terre** : Le succès d'Ératosthène a renforcé l'idée que la Terre était sphérique, une notion déjà défendue par les philosophes grecs, mais qui avait désormais une base empirique solide.

3. **Influence sur la géographie et la navigation** : Les travaux d'Ératosthène ont eu un impact durable sur la géographie et la cartographie. Ses mesures ont permis aux géographes de l'Antiquité de créer des cartes plus précises et aux navigateurs de mieux comprendre l'échelle du monde.

4. **Héritage scientifique** : La méthode d'Ératosthène a inspiré les générations suivantes de scientifiques à utiliser l'observation et les mathématiques pour explorer et mesurer le monde naturel. Son travail est un exemple classique de la façon dont la curiosité intellectuelle et l'application rigoureuse de la méthode scientifique peuvent mener à des découvertes révolutionnaires. Bien que brillante, la méthode d'Ératosthène n'était pas sans limites. Parmi les critiques et les défis qu'elle suscitait, on peut citer :

Précision de la distance : La mesure de 5 000 stades entre Syène et Alexandrie était une estimation, et les stades exacts utilisés par Ératosthène sont incertains. Cela a introduit des marges d'erreur dans ses calculs.

Hypothèses simplificatrices : Ératosthène supposait que Syène et Alexandrie se trouvaient sur le même méridien et que la Terre était une sphère parfaite. En réalité, les deux cités ne sont pas exactement alignées du nord au sud, et la Terre est un ellipsoïde légèrement aplati aux pôles.

Malgré ces limitations, la précision globale du calcul d'Ératosthène témoigne de son habileté et de son ingéniosité.

Ératosthène de Cyrène fut l'un des grands pionniers de la science antique, et sa détermination de la circonférence de la Terre constitue l'une des réalisations les plus remarquables de l'histoire de l'astronomie et de la géographie. Sa méthode, fondée sur des observations minutieuses et des calculs mathématiques simples, démontra qu'il était possible de mesurer le monde avec précision et science. L'héritage d'Ératosthène continue d'inspirer scientifiques et explorateurs, nous rappelant le pouvoir de la curiosité et de la raison dans la quête du savoir.

CHAPITRE 5 : PTOLÉOMÉE ET LE MODÈLE GÉOCENTRIQUE DE L'UNIVERS

Claude Ptolémée (100-170 apr. J.-C.) fut l'un des plus importants scientifiques de l'Antiquité, dont les travaux influencèrent l'astronomie, la géographie et les mathématiques pendant plus de mille ans. Né à Ptolémée Hermiae, en Égypte romaine, Ptolémée passa la majeure partie de sa vie à Alexandrie, le plus grand centre intellectuel du monde hellénistique. Son œuvre la plus célèbre, l'Almageste, synthétisa les connaissances astronomiques grecques et proposa un modèle géocentrique de l'univers qui domina la pensée occidentale jusqu'à la révolution scientifique du XVIe siècle.

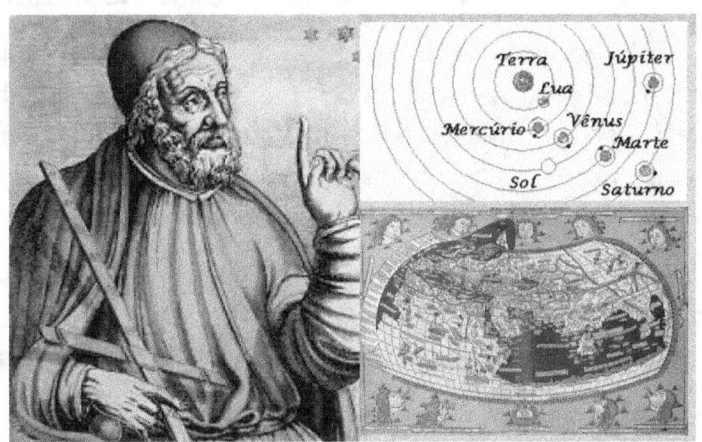

Ptolémée vécut sous l'Empire romain, à une époque où Alexandrie était un creuset culturel, rassemblant les savoirs d'Égypte, de Grèce, de Mésopotamie et d'autres régions. La bibliothèque d'Alexandrie, où Ptolémée travailla probablement, était le plus grand dépositaire du savoir du monde antique et abritait des textes sur les mathématiques, l'astronomie, la géographie et la philosophie.

Ptolémée fut profondément influencé par ses prédécesseurs

grecs, tels qu'Hipparque, Eudoxe et Aristote, mais il intégra également les connaissances d'autres cultures, notamment babylonienne. Son approche combinait observation empirique et modélisation mathématique, établissant ainsi une référence pour la science antique.

L'Almageste : la grande synthèse de l'astronomie antique

L'ouvrage le plus célèbre de Ptolémée, l'Almageste (initialement intitulé Mathematike Syntaxis, ou « Traité mathématique »), est un recueil en 13 volumes qui compile et enrichit les connaissances astronomiques de l'époque. Le titre Almageste dérive de la traduction arabe du terme grec Megiste Syntaxis (« Le Grand Traité »), et c'est grâce à ces traductions arabes que l'ouvrage a été préservé et transmis à l'Europe médiévale.

L'Almageste couvre un large éventail de sujets, notamment :

1. Le modèle géocentrique : Ptolémée soutenait que la Terre était stationnaire au centre de l'univers, avec le Soleil, la Lune, les planètes et les étoiles tournant autour d'elle. Ce modèle, dit géocentrique, fut largement accepté jusqu'à l'essor de l'héliocentrisme de Copernic au XVIe siècle.

2. Mouvements planétaires : Ptolémée a développé un système complexe pour expliquer les mouvements apparemment irréguliers des planètes, incluant les épicycles, les déférents et les équants. Ces concepts mathématiques ont permis de prédire la position des planètes avec une précision remarquable pour l'époque.

3. Catalogue des étoiles : L'Almageste comprend un catalogue de 1 022 étoiles, basé en partie sur les travaux antérieurs d'Hipparque. Ptolémée a décrit la position et la magnitude de chaque étoile, créant ainsi une carte céleste utilisée pendant des siècles.

4. Théorie des éclipses : Ptolémée a présenté des méthodes de prédiction des éclipses lunaires et solaires, basées sur des

observations et des calculs mathématiques.

Le modèle géocentrique et les mécanismes de Ptolémée

Le modèle géocentrique de Ptolémée était une évolution des systèmes proposés par Eudoxe et Aristote, mais avec des améliorations mathématiques permettant une plus grande précision. Pour expliquer le mouvement des planètes, Ptolémée a introduit trois concepts principaux :

1. Déférent : Grand cercle autour de la Terre, le long duquel se déplace le centre d'une planète ou son épicycle.

2. Épicycle : Un petit cercle autour d'un point du déférent, qui explique les variations de vitesse et de direction du mouvement planétaire.

3. Équant : Point situé hors du centre du déférent, par rapport auquel le mouvement de la planète est uniforme. L'équant explique les irrégularités observées dans le mouvement planétaire, comme le mouvement rétrograde.

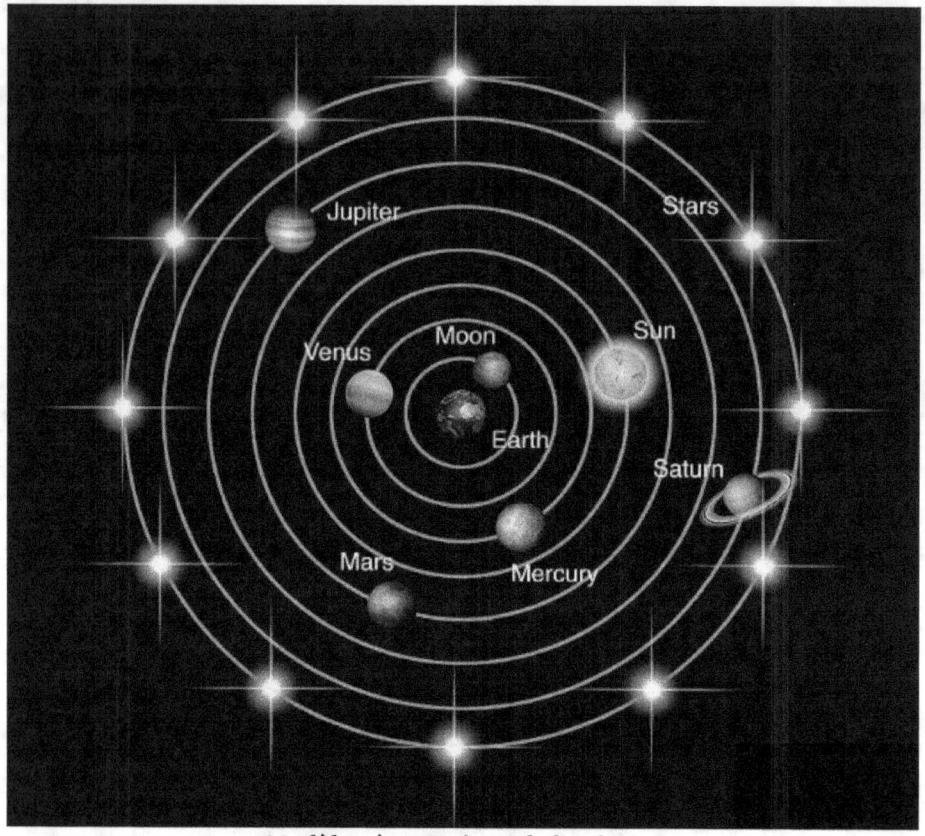

Modèle géocentrique de l'univers

Ces mécanismes, bien que complexes, ont permis à Ptolémée de prédire les positions des planètes avec une précision impressionnante, ce qui a contribué à l'acceptation de son modèle pendant plus d'un millénaire.

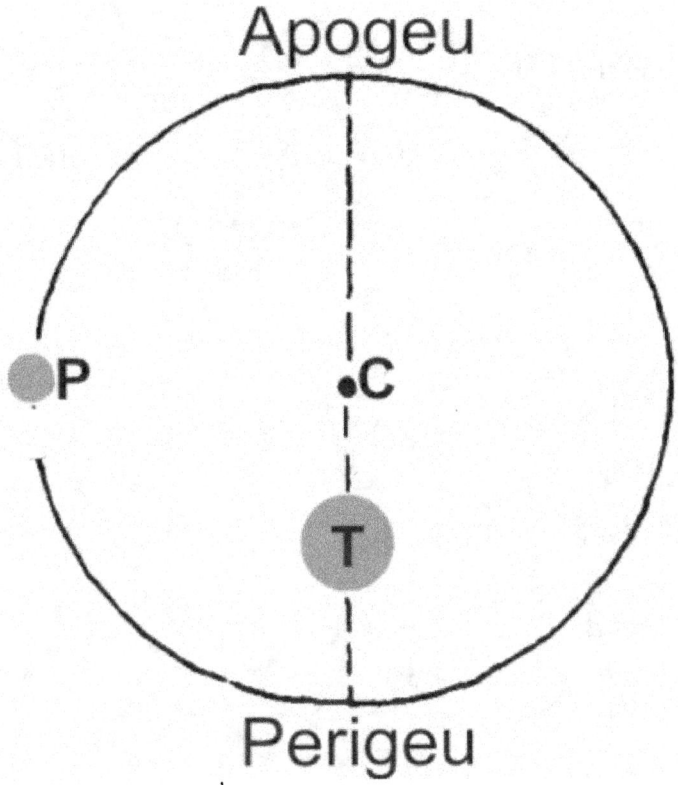

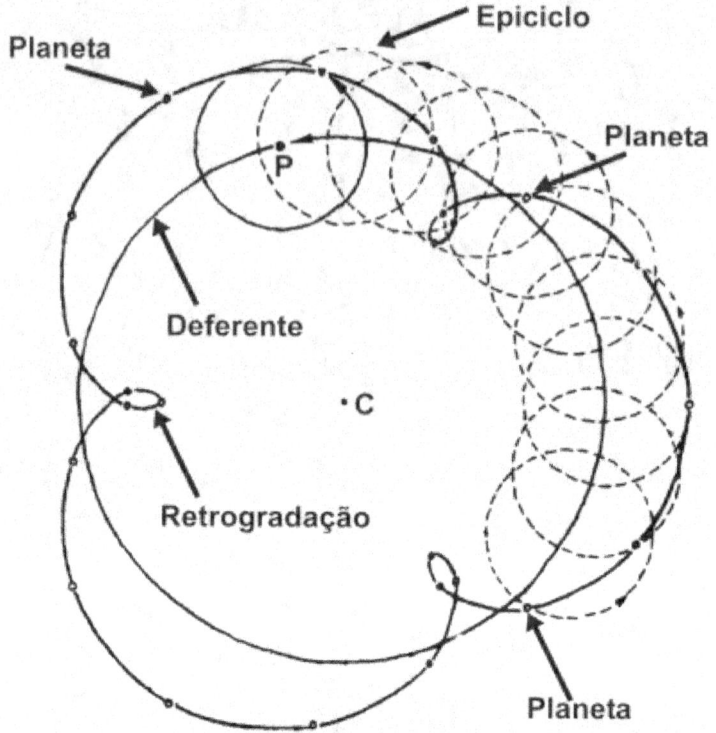

Déférents et épicycles dans le modèle ptolémaïque : photo d'Internet

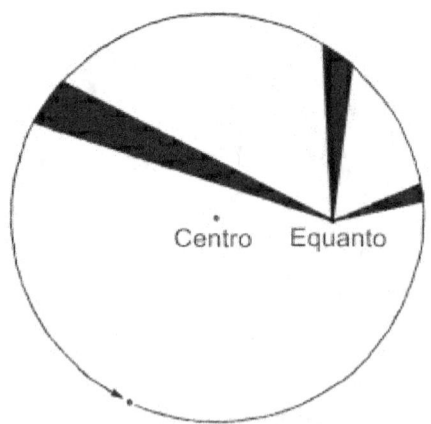

À partir de ce moment, la planète balaie des angles égaux à intervalles de temps égaux.

vision géocentrique de l'univers

Contributions à la géographie

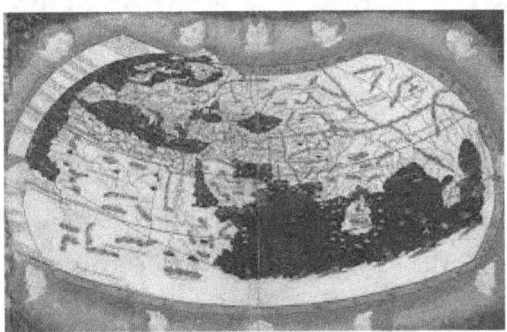

La carte du monde de Ptolémée

Outre ses travaux astronomiques, Ptolémée apporta d'importantes contributions à la géographie. Dans son ouvrage Geographia, il compila les connaissances géographiques de l'époque, notamment les coordonnées de latitude et de longitude de plus de 8 000 lieux. Ptolémée proposa également des méthodes permettant de projeter la surface sphérique de la

Terre sur une carte plane, un défi qui reste d'actualité pour la cartographie moderne.

Cependant, ses estimations de la taille de la Terre étaient plus petites que celles d'Ératosthène, ce qui a peut-être influencé Christophe Colomb des siècles plus tard, lorsqu'il a sous-estimé la distance nécessaire pour atteindre l'Asie en naviguant vers l'ouest.

Héritage et influence

L'œuvre de Ptolémée a eu un impact profond et durable sur la science et la culture. L'Almageste a été traduit en arabe au IXe siècle, puis en latin au XIIe siècle, devenant le texte astronomique de référence dans l'Europe médiévale et le monde islamique. Son modèle géocentrique a été largement accepté jusqu'à ce que Nicolas Copernic propose le modèle héliocentrique au XVIe siècle.

Bien que son modèle ait finalement été dépassé, l'approche scientifique de Ptolémée – combinant observation, mathématiques et théorie – a établi une référence pour la recherche scientifique. Son œuvre continue d'être étudiée non seulement pour son contenu historique, mais aussi comme un exemple de l'évolution de la science par la critique et la révision des idées reçues.

Claude Ptolémée fut l'un des plus grands scientifiques de l'Antiquité. Ses contributions à l'astronomie et à la géographie ont façonné la pensée occidentale pendant plus de mille ans. Son modèle géocentrique, bien que finalement dépassé, représentait l'apogée de l'astronomie antique, alliant observation minutieuse et modèle mathématique sophistiqué. L'héritage de Ptolémée témoigne de la puissance de la curiosité humaine et de sa quête de compréhension du cosmos.

CHAPITRE 6 : NICOLAS COPERNIC ET LA RÉVOLUTION HÉLIOCENTRIQUE

Nicolas Copernic (1473–1543) était un astronome, mathématicien et chanoine polonais dont les travaux marquèrent le début de l'une des plus grandes révolutions scientifiques de l'histoire : le passage du modèle géocentrique au modèle héliocentrique. Son ouvrage De Revolutionibus Orbium Coelestium (« Des révolutions des sphères célestes ») plaça non seulement le Soleil au centre du système solaire, mais bouleversa également des siècles de tradition scientifique et philosophique, ouvrant la voie à la science moderne.

Right: From a sixteenth-century oil painting of Copernicus, possibly based on a self-portrait sketch. The oil hangs in the City Hall in Toruń, his birthplace.

Nicolas Copernic

Contexte historique et intellectuel

Copernic vécut à la Renaissance, époque de redécouverte des connaissances classiques et de progrès dans les arts, les sciences et la philosophie. Cependant, l'astronomie était encore fortement influencée par le modèle géocentrique de Ptolémée, qui avait dominé la pensée occidentale pendant plus de mille ans. Le système ptolémaïque, bien que complexe et capable de prédire les mouvements planétaires avec une certaine précision, était de plus en plus considéré comme insatisfaisant en raison de sa complexité et des incohérences observées.

Copernic fut influencé par les idées humanistes et par le regain d'intérêt pour les travaux de penseurs grecs antiques, comme Aristarque de Samos, qui avait proposé un modèle héliocentrique au IIIe siècle avant J.-C. De plus, sa formation en mathématiques, en astronomie et en droit canon lui permit d'aborder le problème des mouvements planétaires sous un angle unique.

Le modèle héliocentrique

La principale contribution de Copernic fut la proposition d'un modèle héliocentrique du système solaire, où le Soleil, et non la Terre, était au centre. Ce modèle fut présenté dans son ouvrage De Revolutionibus Orbium Coelestium, publié en 1543, peu avant sa mort. Parmi les aspects clés du modèle copernicien, on peut citer :

1. Le Soleil au centre : Copernic affirmait que le Soleil était au centre de l'univers, avec la Terre et d'autres planètes en orbite autour de lui. Cette idée a considérablement simplifié le système ptolémaïque, éliminant le besoin d'épicycles et d'équants.

L'HISTOIRE DE L'ASTRONOMIE

Le modèle héliocentrique

2. Mouvements planétaires : Dans le modèle de Copernic, les planètes se déplaçaient sur des orbites circulaires autour du Soleil, la Terre n'étant qu'une simple planète parmi d'autres. Il suggérait également que la rotation de la Terre autour de son axe expliquait le mouvement quotidien apparent du Soleil et des étoiles.

3. Ordre des planètes : Copernic a établi l'ordre correct des planètes par rapport au Soleil : Mercure, Vénus, la Terre, Mars, Jupiter et Saturne. Cet arrangement expliquait mieux les observations astronomiques, telles que les variations de luminosité des planètes et leur mouvement rétrograde.

4. Précession des équinoxes : Copernic a également expliqué la précession des équinoxes, un phénomène dans lequel l'axe de rotation de la Terre se déplace lentement au fil du temps, provoquant un changement progressif de la position des étoiles dans le ciel.

Réactions au modèle héliocentrique

La proposition de Copernic était révolutionnaire, mais aussi controversée. Le modèle héliocentrique remettait en cause non seulement l'astronomie ptolémaïque, mais aussi des notions philosophiques et religieuses établies. L'idée que la Terre n'était pas le centre de l'univers contredisait la vision aristotélicienne et l'interprétation littérale de passages bibliques qui semblaient soutenir le géocentrisme.

Au départ, les travaux de Copernic ont suscité scepticisme et résistance, même parmi les scientifiques. Cependant, au fil du temps, ses idées ont gagné en popularité, notamment grâce aux travaux d'astronomes tels que Johannes Kepler et Galilée, qui ont apporté des preuves observationnelles et théoriques supplémentaires de l'héliocentrisme.

Contributions aux mathématiques et à l'astronomie

En plus d'avoir proposé le modèle héliocentrique, Copernic a apporté d'autres contributions importantes aux mathématiques et à l'astronomie :

1. Théorie monétaire : Copernic a écrit un traité sur la réforme monétaire, dans lequel il a analysé la relation entre la quantité de monnaie en circulation et l'inflation. Cet ouvrage démontre sa capacité à appliquer des méthodes mathématiques à des problèmes pratiques.

2. Loi de Gresham : Bien qu'il ne soit pas le premier à formuler cette idée, Copernic a contribué à la compréhension de la « loi de Gresham », qui stipule que la mauvaise monnaie (de valeur intrinsèque plus faible) tend à chasser la bonne monnaie (de valeur intrinsèque plus élevée) de la circulation.

3. Précision astronomique : Bien que le modèle de Copernic utilisât encore des orbites circulaires (une erreur qui serait corrigée par Kepler), il était plus simple et plus précis que le système ptolémaïque à bien des égards. Ses travaux ont jeté les bases de la reformulation de la mécanique céleste.

Les travaux de Copernic ont marqué le début de la révolution scientifique, une période de profonde transformation de la compréhension humaine de l'univers. Son courage à remettre en question les idées reçues et son approche mathématique rigoureuse ont inspiré des générations de scientifiques, dont

Kepler, Galilée et Newton.

Bien que ses idées aient d'abord rencontré une certaine résistance, le modèle héliocentrique est finalement devenu la base de l'astronomie moderne. L'Église catholique, qui avait initialement condamné l'héliocentrisme, l'a finalement adopté après les travaux de Galilée et la formulation des lois de Newton.

Nicolas Copernic fut l'un des scientifiques les plus importants de l'histoire, dont les travaux ont révolutionné notre compréhension de l'univers. En proposant le modèle héliocentrique, il a non seulement corrigé des erreurs fondamentales de l'astronomie antique, mais a également ouvert la voie à une nouvelle ère de découvertes scientifiques. Son héritage témoigne du pouvoir de la curiosité, de la raison et du courage intellectuel dans la quête du savoir.

CHAPITRE 7 : L'ASTRONOMIE ISLAMIQUE ET SON HÉRITAGE SCIENTIFIQUE

L'astronomie islamique a prospéré entre le VIIIe et le XVe siècle, devenant un pont essentiel entre les connaissances classiques de la Grèce antique et la Renaissance européenne. Initialement fondée sur les traditions astronomiques persanes et indiennes, l'astronomie islamique a rapidement intégré et développé l'héritage grec, notamment les œuvres d'Aristote et de Ptolémée. Durant cette période, les érudits musulmans ont non seulement préservé et traduit des textes anciens, mais ont également réalisé des progrès significatifs en matière d'observation, de mathématiques et d'instrumentation, posant ainsi les bases de l'astronomie moderne.

Les centres de l'astronomie islamique

Entre le IXe et le XIIe siècle, trois grands centres astronomiques ont émergé dans le monde islamique : Bagdad, Le Caire et le sud de l'Espagne (Al-Andalus). Chacun de ces centres a contribué de manière unique au développement de la science astronomique.

1. Bagdad : La Maison de la Sagesse : Sous le califat abbasside, Bagdad devint l'épicentre du savoir scientifique dans le monde islamique. La Maison de la Sagesse (Bayt al-Hikma), fondée au IXe siècle, était un institut de recherche et de traduction qui réunissait des chercheurs d'horizons divers pour travailler en astronomie, mathématiques, médecine et philosophie. C'est là que les œuvres classiques de Ptolémée, d'Aristote et d'autres penseurs grecs furent traduites en arabe, préservant et diffusant ce savoir.

Al-Battani (850–929) : Surnommé le « Ptolémée des Arabes », Al-Battani affina les mesures astronomiques, calculant avec précision la durée de l'année solaire et l'inclinaison de l'écliptique. Ses travaux influencèrent les astronomes musulmans et européens.

Observatoire de Maraghah : À la fin du XIIIe siècle, l'observatoire de Maraghah, en Iran, devint un centre d'excellence en astronomie mathématique. Nasir al-Din al-Tusi (1201-1274) y développa des modèles planétaires qui corrigèrent certaines incohérences du système ptolémaïque, ouvrant la voie à de futures innovations.

2. Le Caire : Optique et observation : Au Caire, l'astronomie s'enrichit des travaux d'Alhazen (Ibn al-Haytham, 986-1039), l'un des plus grands physiciens opticiens de l'histoire. Alhazen étudia la réfraction de la lumière, la formation de l'image dans l'œil et le phénomène crépusculaire, démontrant que l'atmosphère terrestre « déviait » les rayons du soleil. Ses découvertes en optique eurent de profondes répercussions sur l'astronomie observationnelle.

Alhazen et la chambre noire : Alhazen a été le pionnier de l'étude de la chambre noire, un appareil qui allait plus tard être fondamental pour le développement de la photographie et de l'astronomie télescopique.

3. Al-Andalus : Innovation mathématique : Dans le sud de l'Espagne, des astronomes comme Arzaquel (al-Zarqali, 1029-1087) ont développé des méthodes mathématiques avancées pour calculer les trajectoires des planètes. Ils ont créé des tables astronomiques (zijes) d'une précision supérieure à celle de Ptolémée et ont apporté des améliorations à la trigonométrie sphérique, essentielle à la navigation et à la cartographie.

Tables de Tolède : Arzaquel a compilé les Tables de Tolède, qui étaient largement utilisées dans l'Europe médiévale pour prédire les mouvements célestes.

Les astronomes musulmans ne se sont pas contentés de suivre le modèle géocentrique de Ptolémée ; ils l'ont remis en question et ont cherché à l'affiner. L'une de leurs principales critiques portait sur l'utilisation de l'équant, un point imaginaire qui permettait d'expliquer le mouvement planétaire, mais violait le principe aristotélicien du mouvement circulaire uniforme.

Ibn al-Shatir (1304–1375) : Cet astronome de Damas proposa un modèle planétaire éliminant l'équant, utilisant les épicycles et les déférents de manière plus cohérente. Il est intéressant de noter que son modèle présentait des similitudes avec celui proposé plus tard par Copernic, suggérant une possible influence.

Contributions mathématiques et instrumentales

L'astronomie islamique fut profondément liée au développement des mathématiques. Des érudits comme Al-Khwarizmi (780-850) et Al-Biruni (973-1048) réalisèrent des avancées significatives en algèbre, trigonométrie et calcul, créant ainsi des outils essentiels à l'analyse astronomique.
Almanachs (Al-manunkhs) : Les astronomes musulmans ont créé des almanachs détaillés, qui enregistraient la position des étoiles et les événements célestes. Ces enregistrements ont été essentiels pour les astronomes européens tels que Copernic et Tycho Brahé.

Instruments de précision : Astrolabe : Les astronomes islamiques ont perfectionné l'astrolabe, un outil multifonctionnel utilisé pour mesurer les hauteurs célestes, déterminer les heures et prédire les événements astronomiques.

L'HISTOIRE DE L'ASTRONOMIE

astrolabe

astrolabe nautique

Sextant : À l'observatoire de Samarcande, Ulugh Beg (1394–1449) construisit un sextant gigantesque qui lui permit de réaliser des mesures angulaires avec une précision sans précédent. Il lui permit de déterminer la durée de l'année à quelques minutes près.

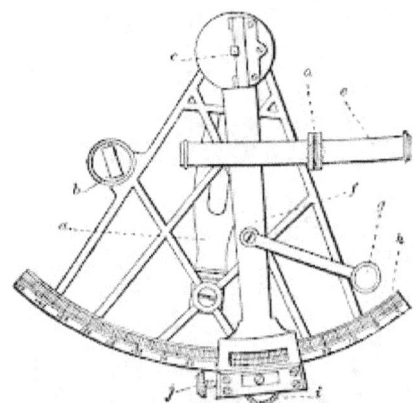

Sextant : reproduction d'images

Malgré l'adoption du modèle géocentrique, les astronomes musulmans ont apporté des contributions cruciales qui ont ouvert la voie à la révolution scientifique. Leurs catalogues d'étoiles, leurs tables astronomiques et leurs avancées mathématiques ont été largement utilisés dans l'Europe médiévale et de la Renaissance. De plus, leur scepticisme à l'égard du système ptolémaïque et leurs tentatives de l'affiner ont démontré l'importance de l'observation et de la critique scientifiques.

L'astronomie islamique fut une période de créativité et d'innovation extraordinaires, préservant et enrichissant les connaissances anciennes tout en posant les bases de la science moderne. Des érudits comme Al-Battani, Al-Hazen, Arzakel et Ulugh Beg ont non seulement fait progresser notre compréhension du cosmos, mais ont également développé des outils et des méthodes qui ont transformé l'astronomie en une discipline mathématique et observationnelle rigoureuse. Leur héritage continue d'inspirer les astronomes et les scientifiques du monde entier, nous rappelant le pouvoir de la collaboration interculturelle dans la quête du savoir.

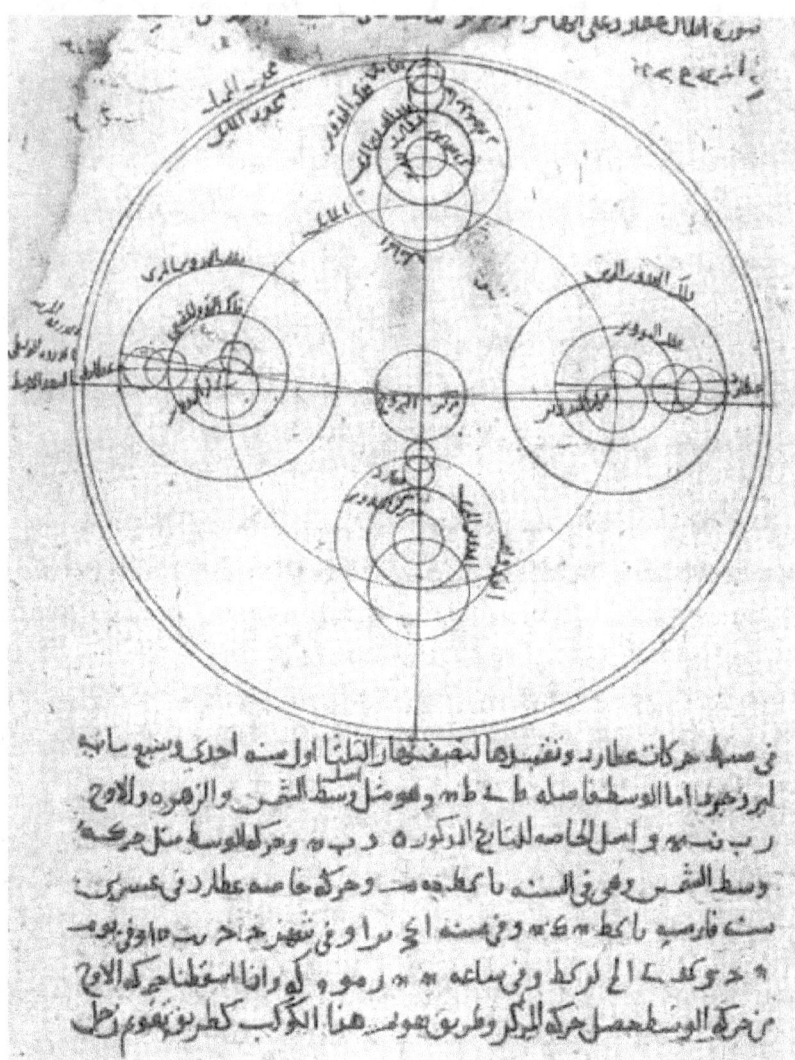

Le modèle de la révolution lunaire d'Ibn al-Shatir.

CHAPITRE 8 : L'ASTRONOMIE EUROPÉENNE AU MOYEN ÂGE

Le Moyen Âge est souvent décrit comme une période de stagnation scientifique, dominée par l'Église catholique et marquée par la répression de la pensée critique. Cependant, cette vision simpliste ignore les contributions importantes de cette période, notamment dans le domaine de l'astronomie. Bien que l'Église ait exercé un contrôle considérable sur l'éducation et la pensée, l'astronomie européenne médiévale fut une période de transition et de préparation à la révolution scientifique de la Renaissance. Ce chapitre explore le développement de l'astronomie dans l'Europe médiévale, soulignant ses limites, ses avancées et son rôle crucial dans la préservation et la transmission du savoir.

Au Moyen Âge, l'Église catholique était la principale institution éducative et culturelle d'Europe. La plupart des érudits étaient des membres du clergé, et le programme universitaire était fortement influencé par la théologie. Cependant, loin d'être un désert intellectuel, le Moyen Âge fut une période où les savoirs anciens furent préservés, réinterprétés et, dans certains cas, enrichis.

L'astronomie occupait une place importante dans le Quadrivium, l'ensemble des quatre sciences mathématiques qui composaient le programme d'études médiéval : l'arithmétique, la géométrie, la musique et l'astronomie. La maîtrise de l'astronomie était essentielle pour tout étudiant souhaitant obtenir un diplôme universitaire, car elle était considérée comme un outil permettant de comprendre l'ordre divin du cosmos.

La cosmologie médiévale fut profondément influencée par les idées d'Aristote et de Ptolémée. Aristote défendait un univers géocentrique, avec la Terre stationnaire au centre et les corps célestes tournant autour d'elle dans des sphères cristallines. Ptolémée, à son tour, affina ce modèle avec son système d'épicycles et de déférents, ce qui permit de prédire les mouvements planétaires avec une plus grande précision.

L'Église adopta le modèle aristotélicien-ptolémaïque car il lui semblait compatible avec la vision biblique de l'univers. L'idée d'un cosmos ordonné et hiérarchisé, avec la Terre en son centre, renforçait l'idée que Dieu avait créé le monde pour un dessein divin. Cependant, cette vision limitait également la pensée scientifique, car toute idée remettant en cause le géocentrisme était considérée avec suspicion.

Malgré les restrictions imposées par l'Église, l'astronomie médiévale a réalisé des progrès significatifs, notamment dans les domaines de l'observation et de l'instrumentation. Nombre de ces avancées ont été rendues possibles par les contacts avec le monde islamique, qui a préservé et développé les connaissances classiques au Moyen Âge.

1. Traductions et recueils : Au XIIIe siècle, d'importants ouvrages d'astronomie furent traduits en latin, comme l'Almageste de Ptolémée et des traités arabes. L'un des textes les plus influents fut la Sphera Mundi de Johannes de Sacrobosco, qui servit de manuel d'astronomie de base dans les universités médiévales.

2. Instruments astronomiques : Les astronomes médiévaux ont perfectionné des instruments tels que l'astrolabe et le quadrant, qui leur ont permis de mesurer la position des étoiles avec une plus grande précision. Ces instruments étaient essentiels à la navigation et à la cartographie du ciel.

Astrolabe nautique : version simplifiée de l'astrolabe, utilisée pour déterminer la latitude en mer.

L'HISTOIRE DE L'ASTRONOMIE

Astrolabe astronomique

Arbalète : Instrument servant à mesurer la hauteur des étoiles, précurseur du sextant moderne.

Arbalète

3. Mécanisation et horloges : Les tentatives de mécanisation de l'astrolabe, par la création de dispositifs simulant le mouvement des étoiles, ont conduit au développement des premières horloges mécaniques. Ces horloges à poids ont constitué une innovation technologique cruciale qui a influencé l'astronomie et la vie quotidienne.

Penseurs médiévaux et idées novatrices

Bien que la plupart des érudits médiévaux aient accepté le modèle géocentrique, certains ont commencé à remettre en question les idées reçues et à proposer des théories alternatives. Ces penseurs, souvent membres de l'Église, ont démontré que la pensée critique n'était pas totalement étouffée.

1. Thomas Bradwardine (1290–1349) : Bradwardine, qui devint plus tard archevêque de Canterbury, évoqua la possibilité d'un univers infini. Ses idées remettaient en question la notion aristotélicienne d'un cosmos fini et hiérarchisé.

2. Nicole Oresme (1320–1382) : Oresme, évêque de Lisieux, soutenait que la Terre pouvait tourner, une idée qui anticipait l'héliocentrisme de Copernic. Il remettait également en question l'idée selon laquelle le mouvement des corps célestes était régi par des sphères cristallines.

3. Nicolas de Cues (1401–1464) : Nicolas de Cues avança

l'idée que l'univers était infini et qu'il pouvait exister d'autres mondes habités que la Terre. Ses idées, bien que controversées, furent tolérées par l'Église, peut-être parce qu'il était lui-même cardinal.

Le calendrier grégorien

L'un des héritages les plus durables de l'astronomie médiévale fut la réforme du calendrier promue par le pape Grégoire XIII en 1582. Le calendrier grégorien, toujours utilisé aujourd'hui, fut créé pour corriger les inexactitudes du calendrier julien, qui s'était déréglé au fil des siècles en fonction des phénomènes célestes. La Réforme exigeait des connaissances approfondies en astronomie et en mathématiques, démontrant ainsi l'importance de la science, même dans un contexte religieux.

L'astronomie européenne du Moyen Âge fut une période de contradictions et de transitions. Bien que dominée par le modèle géocentrique et influencée par la théologie, elle fut aussi une période de préservation et de transmission des savoirs anciens, ainsi que d'innovations techniques et théoriques qui ouvrirent la voie à la révolution scientifique. Des érudits comme Bradwardine, Oresme et Nicolas de Cues ont démontré que la pensée critique et la curiosité scientifique n'étaient pas complètement étouffées, mais plutôt canalisées de manière à aboutir à des changements révolutionnaires. Le Moyen Âge, loin d'être un « âge sombre », fut un maillon essentiel de la chaîne du progrès scientifique.

CHAPITRE 9 : GIORDANO BRUNO – LE MARTYR DU COSMOS INFINI

Giordano Bruno (1548–1600) fut l'un des penseurs les plus audacieux et les plus controversés de la Renaissance. Philosophe, astronome, poète et mystique, Bruno défia les idées reçues de son temps, défendant un univers infini, l'existence de mondes multiples et la liberté de pensée. Ses idées radicales et son refus d'abjurer devant l'Inquisition lui valurent le bûcher pour hérésie. Aujourd'hui, Bruno est célébré comme un martyr de la liberté intellectuelle et un précurseur de la cosmologie moderne.

Giordano Bruno est né à Nola, près de Naples, en 1548. Son nom de baptême était Filippo, mais il adopta le nom de Giordano lorsqu'il entra dans l'Ordre dominicain à l'âge de 17 ans. Durant ses années au monastère, Bruno étudia la théologie, la philosophie et les œuvres classiques d'Aristote, de Thomas d'Aquin et des néoplatoniciens. Cependant, son esprit agité et son scepticisme envers les dogmes de l'Église le mirent bientôt en conflit avec les autorités religieuses.

En 1576, accusé d'hérésie pour avoir remis en question la Trinité et d'autres doctrines catholiques, Bruno s'enfuit du monastère et commença une vie de voyages et d'exil. Il parcourut l'Europe, résidant dans des villes comme Genève, Paris, Londres, Prague et Francfort, où il enseigna, débattit et publia ses œuvres.

L'HISTOIRE DE L'ASTRONOMIE

Giordano Bruno était un penseur visionnaire dont les idées anticipaient de nombreuses découvertes scientifiques modernes. Parmi ses principales contributions, on peut citer :

1. L'univers infini : Bruno rejetait le modèle géocentrique de Ptolémée et l'univers fini d'Aristote. Il proposait plutôt que l'univers soit infini, sans centre ni bords, et que les étoiles soient des soleils lointains entourés de leurs propres planètes. Cette idée remettait en cause non seulement la cosmologie médiévale, mais aussi la vision religieuse d'un cosmos ordonné et hiérarchisé.

2. La pluralité des mondes : Bruno fut l'un des premiers à défendre l'existence de multiples mondes habités. Il affirmait que si l'univers était infini, rien ne permettait de croire que la Terre était la seule planète habitée. Cette idée, considérée comme hérétique à l'époque, anticipait la recherche moderne d'exoplanètes et de vie extraterrestre.

3. Rejet du géocentrisme : Bien que Bruno n'ait pas développé de modèle astronomique détaillé comme Copernic, il a adopté et développé l'héliocentrisme. Il considérait le Soleil comme une simple étoile parmi d'autres, sans position privilégiée dans l'univers.

4. L'unité du cosmos : Influencé par le néoplatonisme et l'hermétisme, Bruno considérait l'univers comme un tout interconnecté, où tout était uni par une force vitale universelle. Cette vision holistique anticipait des concepts modernes tels que l'interdépendance de la matière et de l'énergie.

5. Liberté de pensée : Bruno était un fervent défenseur de la liberté intellectuelle et de la quête du savoir. Il croyait que la vérité ne pouvait être atteinte que par la raison et la libre recherche, sans interférence du dogme ou des autorités religieuses.

Principaux travaux

Parmi les œuvres les plus importantes de Giordano Bruno, on peut citer :

« Le Souper au Ceneri » (1584) : Dans ce dialogue, Bruno défend l'héliocentrisme et critique la vision aristotélicienne de l'univers.

« De l'Infinito, Universo e Mondi » (1584) : Bruno expose ici sa théorie de l'univers infini et de la pluralité des mondes.

« De la Cause, du Principe et de l'Un » (1584) : Dans cette œuvre, Bruno explore l'unité du cosmos et la nature de la réalité.

« Spaccio de la Bestia Trionfante » (1584) : une satire philosophique qui critique la corruption de l'Église et prône une réforme morale et intellectuelle.

L'HISTOIRE DE L'ASTRONOMIE

Le conflit avec l'Église et le martyre

Les idées radicales et la personnalité intransigeante de Bruno attirèrent l'attention de l'Inquisition. En 1592, il fut arrêté à Venise et livré à l'Inquisition romaine. Durant son procès qui dura huit ans, Bruno refusa d'abjurer ses idées, affirmant que ses croyances étaient compatibles avec la vraie foi. En 1600, il fut déclaré hérétique et brûlé vif sur le bûcher du Campo de' Fiori à Rome. Ses derniers mots auraient été : « Peut-être, mes juges, prononcerez-vous cette sentence contre moi avec plus de crainte que je ne la reçois. »

Giordano Bruno fut un martyr de la liberté de pensée et un précurseur de la science moderne. Ses idées sur l'univers infini et la pluralité des mondes anticipèrent des découvertes astronomiques qui ne furent confirmées que des siècles plus tard. Bien qu'il n'ait apporté aucune contribution technique à l'astronomie, sa vision philosophique et son courage à défier les autorités établies ont inspiré des générations de scientifiques et de penseurs.

Aujourd'hui, Bruno est célébré comme un symbole de la lutte pour la liberté intellectuelle et comme un rappel des dangers du dogmatisme. Une statue a été érigée en son honneur sur le lieu de son exécution, à Campo de' Fiori, le commémorant comme un héros de la libre pensée.

Giordano Bruno fut l'un des penseurs les plus visionnaires et les plus courageux de l'histoire. Ses idées révolutionnaires sur l'univers infini, la pluralité des mondes et la liberté de pensée ont remis en question les conventions de son temps et ouvert la voie à la science moderne. Son martyre témoigne du pouvoir des idées et de l'importance de défendre la vérité, même face à l'oppression. Bruno continue d'inspirer ceux qui cherchent à comprendre le cosmos et à lutter pour la liberté intellectuelle.

CHAPITRE 10 : TYCHO BRAHE – L'OBSERVATEUR DU CIEL

Tycho Brahe (1546–1601) fut l'un des plus grands astronomes d'observation de l'histoire, dont les travaux ont révolutionné notre compréhension du cosmos. Connu pour ses mesures précises et détaillées des mouvements célestes, Brahe a laissé un héritage qui a servi de pont entre l'astronomie antique et la révolution scientifique. Ses données ont joué un rôle déterminant dans la formulation des lois du mouvement planétaire par Johannes Kepler, ouvrant la voie à l'astronomie moderne.

Tycho Brahe est né en 1546 à Knudstrup, au Danemark (aujourd'hui en Suède), dans une famille noble. Dès son plus jeune âge, il manifesta un intérêt pour l'astronomie, mais sa famille s'attendait à ce qu'il poursuive une carrière en politique ou en droit. En 1560, une éclipse solaire prédite avec précision éveilla sa passion pour l'astronomie, et il décida de consacrer sa vie à l'étude du ciel.

Brahe étudia aux universités de Copenhague, Leipzig, Rostock et Bâle, où il apprit les mathématiques, l'astronomie et l'astrologie. Sa personnalité excentrique et son tempérament fougueux le conduisirent à plusieurs conflits, dont un célèbre duel en 1566 au cours duquel il perdit une partie de son nez, remplacé par une prothèse métallique.

Contributions scientifiques

Tycho Brahe est surtout connu pour la précision de ses observations astronomiques, qui surpassaient de loin celles de ses prédécesseurs. Parmi ses principales contributions, on peut citer :

1. Observations de haute précision : Brahe a construit et utilisé

des instruments astronomiques de haute précision, tels que des quadrants, des sextants et des sphères armillaires, pour mesurer la position des étoiles et des planètes. Ses observations étaient si précises qu'il a pu détecter des erreurs dans les tables astronomiques existantes, comme les tables prussiennes de Reinhold.

2. La nouvelle étoile de 1572 : En 1572, Brahe observa une nouvelle étoile (aujourd'hui appelée supernova) dans la constellation de Cassiopée. Il publia ses observations dans l'ouvrage De Nova Stella, démontrant que le phénomène se produisait dans la sphère céleste, au-delà de la Lune. Cela contredisait la vision aristotélicienne d'un ciel immuable et fini et ébranla les fondements de la cosmologie médiévale.

3. La comète de 1577 : Brahe étudia une comète brillante apparue en 1577 et démontra qu'elle dépassait l'orbite de la Lune, remettant en question l'idée de sphères célestes fixes. Il suggéra également que les comètes étaient des corps célestes, et non des phénomènes atmosphériques comme on le croyait auparavant.

4. Le modèle tychonien : Brahe proposa un modèle cosmologique combinant des éléments de géocentrisme et d'héliocentrisme. Dans son système, la Terre demeurait au centre de l'univers, le Soleil et la Lune gravitant autour d'elle, tandis que les autres planètes tournaient autour du Soleil. Ce modèle, connu sous le nom de système tychonien, visait à concilier les observations astronomiques avec la physique aristotélicienne.

5. Uraniborg et Stjerneborg : Avec le soutien du roi Frédéric II de Danemark, Brahe construisit l'observatoire d'Uraniborg sur l'île de Hven, équipé des meilleurs instruments de l'époque. Il construisit ensuite Stjerneborg, un observatoire souterrain, pour une plus grande stabilité. Ces observatoires devinrent des centres d'excellence en astronomie, attirant des chercheurs de toute l'Europe.

6. Catalogue d'étoiles : Brahe a compilé un catalogue détaillé de plus de 1 000 étoiles, dont la position a été mesurée avec une précision sans précédent. Ce catalogue a été essentiel aux travaux de Johannes Kepler et au développement de l'astronomie moderne.

Tycho Brahe mourut en 1601, probablement d'une infection rénale, après une vie consacrée à l'astronomie. Ses données d'observation, notamment les relevés détaillés des mouvements de Mars, furent transmises à Johannes Kepler, qui les utilisa pour formuler ses trois lois du mouvement planétaire. Sans les observations précises de Brahe, les découvertes révolutionnaires de Kepler auraient été impossibles.

Brahe a également influencé l'astronomie en démontrant l'importance de l'observation systématique et de la précision dans la collecte de données. Ses travaux ont contribué à établir l'astronomie comme une science empirique, fondée sur des preuves et des mesures minutieuses.

Tycho Brahe et Johannes Kepler

Tycho Brahe fut l'un des piliers de la révolution scientifique, dont les travaux d'observation ont transformé l'astronomie. Ses mesures précises, son modèle cosmologique innovant et ses observatoires de pointe ont établi de nouvelles normes scientifiques. Bien qu'il n'ait pas vécu assez longtemps pour assister à l'adoption de l'héliocentrisme, ses contributions ont été essentielles pour aider Kepler et d'autres scientifiques à révolutionner notre compréhension de l'univers. Brahe reste dans les mémoires comme l'un des plus grands observateurs du ciel et un pionnier de l'astronomie moderne.

CHAPITRE 11 : JOHANNES KEPLER – LE MATHÉMATICIEN DU COSMOS

Johannes Kepler (1571–1630) fut l'un des piliers de la révolution scientifique, dont les travaux ont révolutionné notre compréhension du mouvement des planètes et de l'univers. Connu pour avoir formulé les trois lois du mouvement planétaire, Kepler a combiné mathématiques, observation et théorie pour créer une nouvelle vision du cosmos. Ses découvertes ont non seulement confirmé le modèle héliocentrique de Copernic, mais ont également jeté les bases de la mécanique céleste d'Isaac Newton.

Johannes Kepler est né le 27 décembre 1571 à Weil der Stadt, dans le Saint-Empire romain germanique (aujourd'hui l'Allemagne). Son enfance fut marquée par des difficultés, notamment des problèmes de santé et un environnement familial instable. Malgré cela, il fit preuve d'un talent exceptionnel pour les mathématiques et fut envoyé étudier la théologie à l'université de Tübingen, où il découvrit les idées de Copernic.

Kepler envisageait initialement de devenir pasteur luthérien, mais sa passion pour l'astronomie et les mathématiques le poussa à embrasser une carrière scientifique. En 1594, il accepta un poste de professeur de mathématiques et d'astronomie à Graz, en Autriche, où il commença à développer ses idées révolutionnaires.

Kepler est surtout connu pour ses trois lois du mouvement planétaire, mais ses contributions vont bien au-delà. Les principaux aspects de ses travaux sont détaillés ci-dessous :
1. Les trois lois du mouvement planétaire : Première loi (loi des orbites) : Les planètes se déplacent sur des orbites elliptiques, le Soleil étant à l'un des foyers de l'ellipse. Cette loi a remplacé

l'idée d'orbites circulaires, qui avait dominé l'astronomie depuis l'Antiquité.

Deuxième loi (loi des aires) : Une ligne reliant une planète au Soleil balaie des surfaces égales en des temps égaux. Cela signifie que les planètes se déplacent plus vite lorsqu'elles sont plus proches du Soleil (périhélie) et plus lentement lorsqu'elles en sont plus éloignées (aphélie).

Troisième loi (loi des périodes) : Le carré de la période orbitale d'une planète est proportionnel au cube du demi-grand axe de son orbite. Cette loi établit une relation mathématique précise entre la distance d'une planète au Soleil et le temps nécessaire pour effectuer une orbite complète.

2. Astronomia Nova (1609) : Dans cet ouvrage fondateur, Kepler présente ses deux premières lois du mouvement planétaire. Ses conclusions s'appuient sur des données d'observation précises recueillies par Tycho Brahe, avec qui il travaille à Prague durant les dernières années de sa vie. Kepler passe des années à analyser les observations de Mars, ce qui le conduit à abandonner l'idée d'orbites circulaires et à adopter les ellipses.

3. Harmonices Mundi (1619) : Dans cet ouvrage, Kepler explore l'idée que l'univers est régi par l'harmonie mathématique. C'est là qu'il formule sa troisième loi du mouvement planétaire, reliant la musique des sphères à la mécanique céleste.

4. Optique et vision : Kepler a également apporté d'importantes contributions à l'optique. Dans son ouvrage Astronomiae Pars Optica (1604), il a expliqué le fonctionnement de l'œil humain, décrivant la formation des images sur la rétine. Il a également étudié la réfraction de la lumière et amélioré la conception des télescopes, contribuant ainsi aux progrès de l'astronomie observationnelle.

5. Tables Rudolphine (1627) : Kepler a compilé les Tables Rudolphine, un catalogue stellaire et planétaire qui est devenu la référence pour les astronomes pendant des décennies. Ces tables

étaient basées sur les observations de Tycho Brahe et les lois de Kepler, permettant des prédictions précises des mouvements célestes.

L'héritage de Kepler

Johannes Kepler est mort en 1630 à Ratisbonne, en Allemagne, après une vie consacrée à la science. Son œuvre a eu un impact profond et durable :

Fondements de la mécanique céleste : Les lois de Kepler ont servi de base à la théorie de la gravitation universelle d'Isaac Newton. Sans les travaux de Kepler, Newton n'aurait pas pu formuler ses propres lois du mouvement et de la gravitation.

Confirmation de l'héliocentrisme : les découvertes de Kepler ont renforcé le modèle héliocentrique de Copernic, contribuant à consolider la révolution scientifique.

Influence sur la philosophie naturelle : Kepler a démontré que l'univers pouvait être compris grâce aux mathématiques et à l'observation, inspirant des générations de scientifiques à rechercher des lois naturelles universelles.

Johannes Kepler fut l'un des plus grands génies de l'histoire des sciences, dont les travaux ont révolutionné l'astronomie et la physique. Ses trois lois du mouvement planétaire ont non seulement décrit le cosmos avec une précision sans précédent, mais ont également ouvert la voie à notre compréhension moderne de l'univers. Kepler reste dans les mémoires comme un pionnier scientifique dont la quête de l'harmonie mathématique du cosmos a inspiré et continue d'inspirer les scientifiques et les penseurs du monde entier.

CHAPITRE 12 : GALILÉE GALILÉE – LE MESSAGER DES ÉTOILES

Galilée Galilée (1564–1642) fut l'un des piliers de la révolution scientifique, dont les observations et les découvertes ont transformé notre compréhension du cosmos. Surnommé le « père de la science moderne », Galilée a non seulement perfectionné le télescope et l'a utilisé pour explorer le ciel, mais a aussi courageusement défendu le modèle héliocentrique de Copernic face à l'opposition de l'Église catholique. Ses découvertes et son héritage continuent d'inspirer les scientifiques et les penseurs du monde entier.

Galilée Galilée est né le 15 février 1564 à Pise, en Italie. Fils d'un musicien et théoricien de la musique, Galilée a d'abord étudié la médecine à l'université de Pise, mais s'est rapidement intéressé aux mathématiques et à la physique. En 1589, il est devenu professeur de mathématiques à Pise, puis à Padoue, où il a mené une grande partie de ses travaux scientifiques.

Galilée vivait à une époque de profonds changements intellectuels, où les idées de Copernic et de Kepler commençaient à remettre en cause la vision géocentrique de l'univers. Cependant, l'Église catholique, fervente partisane du modèle aristotélicien-ptolémaïque, accueillit ces nouvelles idées avec suspicion et hostilité.

Contributions scientifiques

Galilée a apporté des contributions révolutionnaires dans plusieurs domaines scientifiques, mais il est surtout connu pour ses découvertes astronomiques et sa défense de l'héliocentrisme. Les principaux aspects de son œuvre sont détaillés ci-dessous :

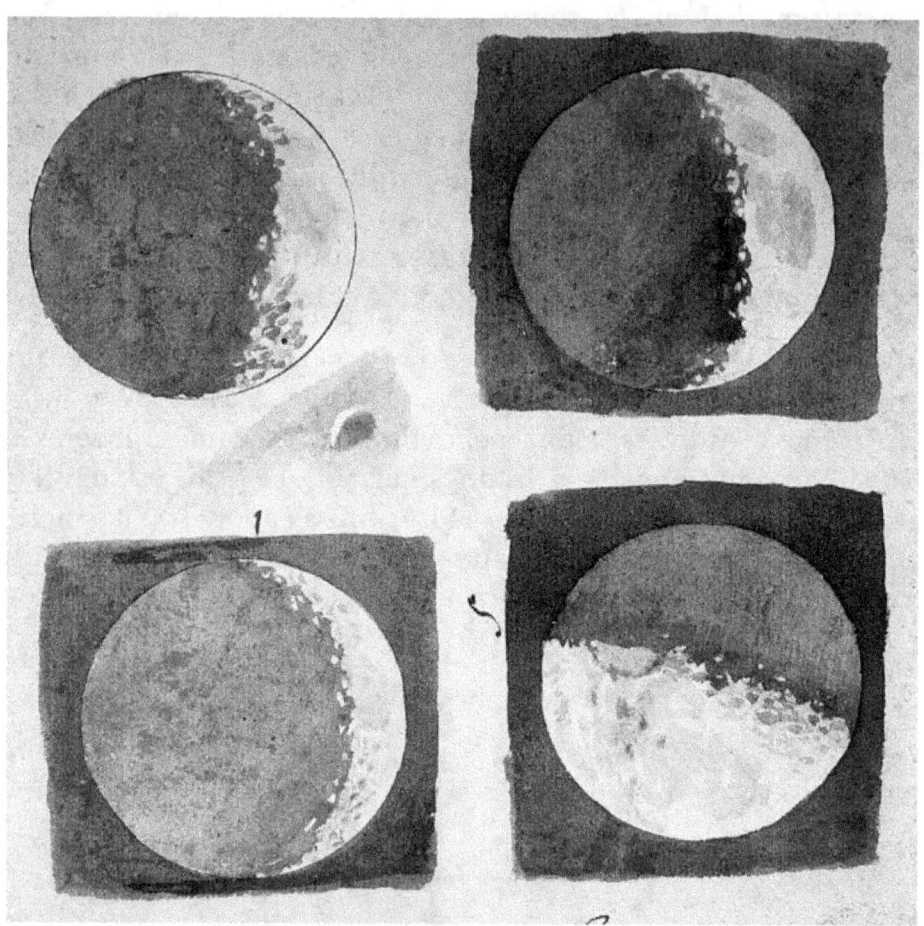

Dessins de la Lune réalisés par Galilée durant l'hiver 1609-1610

1. L'utilisation du télescope : Bien qu'il ne soit pas l'inventeur du télescope, Galilée fut le premier à l'utiliser systématiquement pour observer le ciel. Il améliora l'instrument, augmentant son grossissement à plus de 20x, et publia ses découvertes dans l'ouvrage Sidereus Nuncius (« Messager des étoiles ») en 1610.

Ces travaux marquèrent le début de l'astronomie télescopique.

2. Les lunes de Jupiter : Galilée découvrit quatre lunes en orbite autour de Jupiter (Io, Europe, Ganymède et Callisto), qu'il baptisa « étoiles médicéennes » en l'honneur de son saint patron, le grand-duc de Toscane. Cette découverte fut cruciale, car elle démontra que tous les corps célestes ne tournaient pas autour de la Terre, remettant ainsi en cause le modèle géocentrique.

3. Les phases de Vénus : Galilée observa que Vénus présentait des phases similaires à celles de la Lune, du croissant à la pleine Lune. Cela ne pouvait s'expliquer que si Vénus tournait autour du Soleil, et non de la Terre, ce qui fournirait une preuve convaincante du modèle héliocentrique.

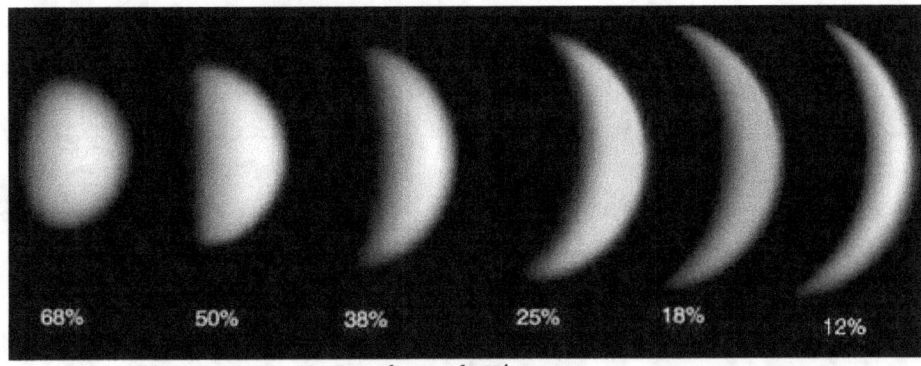

Phases de Vénus.

4. La surface de la Lune : En observant la Lune, Galilée découvrit que sa surface n'était pas lisse et parfaite, comme le prétendait la cosmologie aristotélicienne, mais plutôt irrégulière et criblée de cratères et de montagnes. Cette découverte ébranla la notion d'un ciel immuable et parfait.

5. Taches solaires : Galilée a étudié les taches solaires et a démontré que le Soleil n'était pas un corps cristallin et immuable, mais plutôt un corps dynamique, doté d'une surface fluide et en rotation. Il a également mesuré la période de rotation du Soleil, qui variait de 25 jours à l'équateur à 31 jours aux pôles.

6. La Voie lactée : Galilée a observé que la Voie lactée était composée d'un nombre immense d'étoiles, remettant en question l'idée qu'il s'agissait d'une nébuleuse ou d'une région diffuse du ciel.

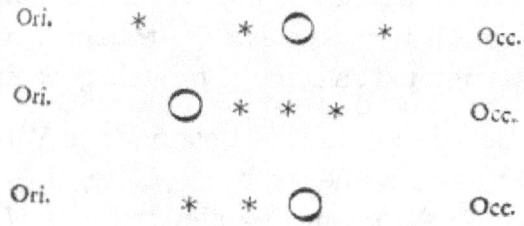

L'observation systématique des lunes galiléennes de Jupiter a permis à Galilée de conclure qu'elles se déplaçaient autour de lui.

Le conflit avec l'Église

Les découvertes de Galilée le mirent en conflit direct avec l'Église catholique, qui défendait le modèle géocentrique comme partie intégrante de sa doctrine. En 1616, l'Inquisition déclara la théorie héliocentrique « fausse et contraire aux Écritures », et Galilée fut averti de ne pas la défendre publiquement.

Cependant, en 1632, Galilée publia Dialogue sur les deux principaux systèmes du monde, dans lequel il comparait les modèles géocentrique et héliocentrique à travers un débat entre trois personnes : Salviati (représentant Galilée), Sagredo (un auditeur neutre) et Simplicio (un défenseur du géocentrisme). L'ouvrage fut interprété comme une défense de l'héliocentrisme, et Galilée fut convoqué à Rome pour être jugé par l'Inquisition.

En 1633, Galilée fut déclaré « véhémentement soupçonné d'hérésie » et contraint d'abjurer ses croyances. Il fut condamné à la réclusion à perpétuité et assigné à résidence, mais la légende raconte qu'en se relevant après avoir abjuré, il murmura : « Eppur si moove ! » (Et pourtant, elle bouge !), en référence à la Terre.

Galilée mourut le 8 janvier 1642 à Arcetri, en Italie, mais son héritage perdura. Ses découvertes et méthodes scientifiques influencèrent des générations de scientifiques, dont Isaac Newton, qui s'appuya sur les travaux de Galilée pour formuler ses lois du mouvement et de la gravitation.

Galilée est également connu pour sa défense de l'observation et de l'expérimentation comme fondements de la science. Il croyait que la nature devait être étudiée à travers les mathématiques et les preuves empiriques, et non par le dogme ou l'autorité. Cette approche a fait de lui l'un des fondateurs de la science moderne.

Couverture du livre Sidereus Nuncius.

Couverture du livre Dialogue du Système Mondial.

Galilée Galilée fut l'un des plus grands scientifiques de l'histoire, dont les travaux ont révolutionné l'astronomie et la physique. Ses découvertes télescopiques, sa défense de l'héliocentrisme et sa confrontation avec l'Église catholique ont fait de lui un symbole de la lutte pour la liberté intellectuelle et la recherche de la vérité. Galilée reste un pionnier de la science moderne, dont l'héritage inspire l'exploration de l'univers et la défense de la pensée critique.

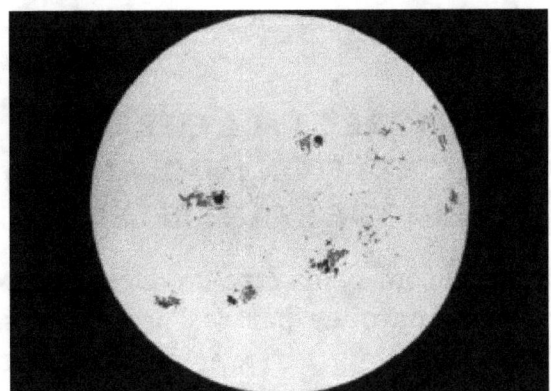

Magnétogramme du Soleil montrant les régions avec la plus forte incidence de taches solaires.

CHAPITRE 13 : LA CARRIÈRE D'ISAAC NEWTON : UNE ANALYSE BIOGRAPHIQUE ET INTELLECTUELLE

La vie d'Isaac Newton peut être divisée en trois périodes distinctes, chacune marquée par ses propres caractéristiques et réalisations. La première période couvre sa jeunesse et son adolescence, de 1643 jusqu'à sa nomination à l'université en 1669. La deuxième, de 1669 à 1687, correspond à son activité prolifique de professeur lucasien à Cambridge, une chaire très prestigieuse occupée plus récemment par Stephen Hawking. La troisième période, d'une durée à peu près équivalente aux deux précédentes réunies, voit Newton devenir fonctionnaire à Londres, percevant un salaire élevé, mais manifestant peu d'intérêt pour la recherche mathématique.

Isaac Newton naquit à Woolsthorpe Manor, près de Grantham, dans le Lincolnshire. Bien que, selon le calendrier en vigueur à l'époque, sa naissance eut lieu le jour de Noël 1642, la date du 4 janvier 1643 correspond à la date équivalente du calendrier grégorien, qui ne fut adopté en Angleterre qu'en 1752.

Newton était issu d'une famille d'agriculteurs, mais il n'a jamais rencontré son père, également prénommé Isaac Newton, décédé en octobre 1642, trois mois avant la naissance de son fils. Bien que le père d'Isaac possédait des terres et du bétail, ce qui l'a enrichi, il était illettré et incapable de signer son nom.
La mère d'Isaac, Hannah Ayscough, épousa Barnabas Smith, un pasteur du village voisin de North Witham, alors qu'Isaac avait deux ans. La fillette fut ensuite confiée à sa grand-mère, Margery Ayscough, à Woolsthorpe. Élevé orphelin, Isaac ne connut pas une enfance heureuse. Son grand-père, James Ayscough, ne fut jamais mentionné par Isaac, et le fait qu'il n'ait rien laissé à son petit-fils dans son testament, rédigé alors que le garçon avait dix

ans, suggère qu'il n'y avait aucune affection entre eux.

Il est clair qu'Isaac nourrissait du ressentiment envers sa mère et son beau-père, Barnabas Smith. En examinant ses péchés à l'âge de dix-neuf ans, Isaac en a cité un : « Menacer de brûler mon père et ma mère Smith dans leur maison ».

Après la mort de son beau-père en 1653, Isaac Newton intègre un foyer à la dynamique familiale complexe, composé de sa mère, de sa grand-mère, d'un demi-frère et de deux demi-sœurs. Durant cette période, Newton entre à la Grantham Grammar School. Malgré la proximité de leur domicile, il s'installe chez la famille Clark à Grantham. Cependant, ses premiers résultats scolaires semblent avoir été insatisfaisants. Un dossier scolaire le décrit comme « paresseux » et « inattentif ». Sa mère, désormais dotée de ressources financières et patrimoniales considérables, pense que son fils aîné serait la personne idéale pour gérer son entreprise et ses biens. Après avoir été retiré de l'école, Isaac manifeste un manque d'intérêt et d'aptitude pour la gestion immobilière.

Sur l'insistance de son oncle, William Ayscough, il fut décidé qu'Isaac se préparerait à l'université. Il retourna au lycée de Grantham en 1660 pour terminer ses études. Cette fois, il logea chez Stokes, le directeur de l'école. Malgré les signes indiquant qu'il n'avait pas démontré de qualités académiques auparavant, Isaac dut convaincre son entourage qu'il possédait les compétences nécessaires pour poursuivre une carrière universitaire.

Il existe des preuves que Stokes a également persuadé la mère de Newton de l'autoriser à aller à l'université. Il est probable qu'au cours de son premier semestre, il ait démontré plus de talent que ne le suggère le bulletin scolaire.

On ne dispose pas d'informations précises sur ce que Newton apprit lors de sa préparation à l'université, mais Stokes était un homme compétent et lui prodiguait certainement de bons cours particuliers. Rien ne prouve qu'il ait maîtrisé toutes les mathématiques, mais on ne peut exclure que Stokes lui ait présenté les Éléments d'Euclide, qu'il était capable d'enseigner. Cependant, il existe des preuves que Newton n'a lu Euclide qu'en 1663. De nombreuses histoires circulent sur ses compétences en mécanique, notamment dans la construction de modèles de machines telles que des horloges et des moulins à vent. Cependant, lorsqu'on recherche des informations sur des personnalités célèbres, on a toujours tendance à dire ce qu'on pense qu'on attend d'elles. Ces histoires ont peut-être été inventées plus tard par ceux qui pensaient que le scientifique le plus célèbre du monde aurait dû acquérir ces compétences à l'école.

Newton entra au Trinity College de Cambridge le 5 juin 1661. Il était plus âgé que la plupart de ses camarades, mais malgré la situation financière importante de sa mère, il y entra comme fellow. À Cambridge, un fellow était un étudiant de premier cycle qui recevait une bourse de l'université en échange d'un travail de domestique auprès d'autres étudiants. Son statut de sizar est ambigu, car il semble avoir fréquenté davantage les étudiants de la haute société que les autres sizars. On a suggéré que Newton aurait eu Humphrey Babington, un parent éloigné, comme employeur. Cette explication raisonnable montre que sa mère ne l'aurait pas soumis à un travail inutile, comme le prétendent ses biographes.

L'objectif de Newton à Cambridge était d'obtenir un diplôme de droit. L'enseignement y était dominé par la philosophie d'Aristote, mais une certaine liberté d'étude lui était accordée en troisième année. Newton étudia la philosophie de Descartes, Gassendi, Hobbes et, plus particulièrement, celle de Boyle. La mécanique de l'astronomie copernicienne de Galilée le séduisit, et il étudia également le système de Kepler. Il consignit ses réflexions dans un livre intitulé Quaestiones Quaedam Philosophicae (Questions philosophiques). C'est un témoignage fascinant de la façon dont les idées de Newton prenaient forme dès 1664. Il commence son texte par la phrase : « Platon est mon ami, Aristote est mon ami, mais mon meilleur ami est la vérité », révélant un libre-penseur d'un niveau avancé.

On comprend désormais plus ou moins clairement comment Newton s'est familiarisé avec les textes mathématiques les plus avancés de son époque. Selon de Moivre, l'intérêt de Newton pour les mathématiques a débuté à l'automne 1663, lorsqu'il acheta un livre d'astronomie à une foire de Cambridge et constata qu'il ne comprenait pas les mathématiques qu'il contenait. En essayant de lire un livre sur la trigonométrie, il découvrit ses lacunes en géométrie et décida de lire les Éléments d'Euclide.

Il passa ensuite à la Clavis Mathematica d'Oughtred et à La Géométrie de Descartes. Il lut la nouvelle Algèbre et Géométrie analytique de Viète, publiée en 1646. Un autre ouvrage mathématique important qu'il étudia à cette époque était la Géométrie à des cartes de Schooten, récemment publiée, parue en deux volumes entre 1659 et 1661. Ce livre contenait d'importantes annexes rédigées par trois disciples de Van Schooten : Jan de Witt, Johan Hudde et Hendrick van Heuraet. Newton étudia également l'Algèbre de Wallis, et il semble que sa première œuvre mathématique originale soit issue de l'étude de ce livre. Il lut la méthode de Wallis pour trouver un carré d'aire égale à une parabole et une hyperbole en utilisant des indivisibles. Newton prit des notes sur le traitement des séries par Wallis, mais prépara également ses propres démonstrations de théorèmes. Il écrivit dans les marges : « ...ainsi Wallis l'a fait, mais ainsi cela peut être fait... »

On pourrait facilement penser que le talent de Newton a commencé à émerger avec l'arrivée de Barrow à Cambridge en 1663, en tant que Lucasien. Certes, cette date coïncide avec le début des études mathématiques approfondies de Newton. Cependant, il semble que la date de 1663 ne soit qu'une coïncidence, et que ce ne soit que quelques années plus tard que Barrow ait reconnu le génie mathématique de ses élèves.

Bien que certains indices suggèrent que ses progrès n'aient pas été particulièrement brillants, Newton obtint son diplôme en avril 1665. Son génie scientifique ne semble pas encore s'être manifesté, mais il le fit soudainement lorsqu'une épidémie de peste ferma l'université durant l'été de cette année-là, le forçant à retourner dans le Lincolnshire. Là, en moins de deux ans, alors que Newton avait moins de 25 ans, il commença à présenter des travaux révolutionnaires dans les domaines des mathématiques, de l'optique, de la physique et de l'astronomie.

La fabrication du génie : calcul, optique et gravitation dans le voyage de Newton

Durant son isolement familial, Newton posa les bases du calcul différentiel et intégral, des années avant leur découverte indépendante par Leibniz. Sa « méthode des fluxions », comme il l'appelait, reposait sur l'idée fondamentale que l'intégration d'une fonction est simplement l'opération inverse de la différentiation. En analysant la différentiation comme une opération fondamentale, Newton créa des méthodes analytiques simples unifiant plusieurs techniques antérieures pour résoudre des problèmes apparemment disparates, tels que la détermination des aires, des tangentes, des longueurs de courbes et des maxima et minima de fonctions. Son ouvrage Methodis Serierum et Fluxionum, écrit en 1671, ne fut publié qu'en 1736, après sa traduction anglaise par John Colson.

Avec la réouverture de l'Université de Cambridge après la peste en 1667, Newton postula pour un poste et fut élu assistant au Trinity College en octobre. Après avoir obtenu sa maîtrise, il accéda au poste de professeur en juillet 1668, ce qui lui permit de dîner à la table des professeurs. En juillet 1669, Barrow, cherchant à faire connaître les avancées mathématiques de Newton, envoya le texte De Analysi à Collins à Londres, mentionnant que Newton avait développé des méthodes générales pour le calcul des dimensions des quantités et la résolution des équations. Collins fit connaître les travaux de Newton auprès des plus grands mathématiciens de l'époque, ce qui conduisit à une reconnaissance rapide de leur valeur. Collins montra les résultats de Newton à Brounker, président de la Royal Society, avec l'autorisation de ce dernier. Newton demanda ensuite la restitution de son manuscrit, ce qui empêcha Collins d'expliquer correctement ses travaux à Sluze et Gregory.

En 1669, Barrow démissionna de son poste de professeur lucasien et recommanda Newton à sa place. Après cela, Newton se rendit à Londres à deux reprises et rencontra Collins, mais, comme il l'écrivit à Gregory, il n'était pas à l'aise pour le forcer à publier quoi que ce soit.

Le premier ouvrage de Newton en tant que professeur lucasien fut une conférence sur l'optique, qu'il commença en janvier 1670. Durant les années de peste, il conclut que la lumière blanche n'était pas une entité simple. Tous les scientifiques depuis Aristote croyaient que la lumière blanche était une entité fondamentale unique, mais l'aberration chromatique dans la lentille d'un télescope convainquit Newton du contraire. En faisant passer un mince faisceau de lumière solaire à travers un prisme de verre, il observa le spectre de couleurs obtenu. Il avança que la lumière blanche était en réalité un mélange de différents types de rayonnement qui, une fois réfractés, présentaient des angles de réfraction légèrement différents, produisant des couleurs spectrales distinctes. Cela le conduisit à conclure que les lentilles présenteraient toujours une aberration chromatique, et il proposa donc le télescope à réflexion.

En 1672, Newton fut élu à la Royal Society après avoir offert un télescope à réflexion à l'institution. Plus tard la même année, il publia son premier article sur la lumière et la couleur dans les Philosophical Transactions of the Royal Society. L'article fut généralement bien accueilli, mais Hooke et Huygens s'opposèrent à la tentative de Newton de démontrer, par des expériences, que la lumière est de nature corpusculaire plutôt qu'ondulatoire. Cet accueil ne l'encouragea pas à présenter les résultats de ses travaux. Il était constamment influencé par deux courants. D'un côté, il recherchait la célébrité et la reconnaissance, mais de l'autre, il détestait la critique, et ne pas publier était le moyen le plus simple de l'éviter.

On peut certainement dire que sa réaction aux critiques était irrationnelle, et que son besoin d'humilier publiquement Hooke pour ses opinions était anormal. Cependant, malgré l'opposition de Hooke, peut-être due à la réputation déjà prestigieuse de Newton, la théorie corpusculaire prévalut jusqu'à la renaissance de la théorie ondulatoire au XIXe siècle.

Les relations de Newton avec Hooke se détériorèrent encore davantage lorsqu'en 1675, Hooke affirma que Newton lui avait volé certains de ses résultats d'optique. Bien que les deux hommes se réconcilièrent après un échange de lettres poli, Newton se retira et prit ses distances avec la Royal Society, considérant Hooke comme l'un de ses dirigeants. Il retarda la publication d'un ensemble d'articles de recherche sur l'optique jusqu'après la mort de Hooke en 1703. L'ouvrage Opticks parut en 1704. Pour expliquer certains de ses résultats, il dut utiliser une théorie ondulatoire en conjonction avec la théorie corpusculaire.

- Isaac Newton analysant la composition spectrale de la lumière blanche

Cependant, la plus grande réussite de Newton en physique et en mécanique céleste réside dans sa théorie de la gravitation universelle. En 1666, Newton disposait de versions préliminaires de ses trois lois du mouvement. Il avait également découvert la loi décrivant la force centrifuge dans un mouvement circulaire uniforme. Cependant, son interprétation de la mécanique du mouvement circulaire était encore erronée. L'idée novatrice de Newton en 1666 était d'imaginer que la gravité terrestre influençait le mouvement de la Lune, contrecarrant sa force centrifuge. S'appuyant sur sa loi de la force centrifuge et sur la troisième loi de Kepler sur le mouvement planétaire, Newton développa la loi de l'inverse du carré de la distance. En 1679, Newton correspondit avec Hooke, qui lui écrivit : « ...que l'attraction est toujours deux fois proportionnelle au centre de gravité... »

L'aboutissement de la mécanique newtonienne : de la correspondance avec Hooke à la publication des Principia

Après avoir correspondu avec Hooke en 1679, Newton développa indépendamment une preuve que la loi des aires de Kepler était une conséquence des forces centripètes. Il démontra également que si la courbe orbitale était une ellipse sous l'action d'une force centrale, alors cette force dépendrait de l'inverse du carré de la distance au centre. Cette découverte confirmait la deuxième loi de Kepler.

En 1684, trois membres de la Royal Society, Sir Christopher Wren, Robert Hooke et Edmond Halley, débattirent de la possibilité que les orbites elliptiques des planètes résultent d'une force gravitationnelle dirigée vers le Soleil, dont l'intensité était inversement proportionnelle au carré de la distance. Halley rapporta que Hooke prétendait détenir la solution, mais qu'il la garderait secrète un temps, afin que d'autres, après avoir échoué, puissent mieux apprécier la découverte une fois rendue publique.

La même année, Halley demanda à Newton quelle serait l'orbite d'un corps soumis à une force soumise à la loi du carré inverse de la distance. Newton répondit rapidement qu'il s'agirait d'une ellipse. Bien qu'il ne parvienne pas à retrouver les documents accompagnant la démonstration, il informa Halley qu'il avait déjà résolu ce problème quatre ans plus tôt. Or, seule la démonstration inverse se trouve dans De Motu. La démonstration que les forces, soumises à la loi du carré inverse de la distance, impliquent des orbites de sections coniques figure dans la colonne 1 de la proposition 13 du livre 1 des Principia, mais pas dans sa première édition.

Trois mois plus tard, Newton envoya à Halley une démonstration de la forme des orbites sous l'influence d'une force inversement proportionnelle au carré de la distance. Halley persuada Newton d'écrire un traité complet de sa nouvelle physique. Un an plus tard, en 1687, Newton publia Philosophiae Naturalis Principia Mathematica, ou plus simplement Principia, comme on l'appelle généralement.

Dans les Principia, Newton a énoncé pour la première fois les trois lois du mouvement, aujourd'hui connues sous le nom de lois de Newton :

1. Première loi (loi d'inertie) : Un corps reste au repos ou en mouvement rectiligne uniforme à moins qu'une force n'agisse sur lui ou que la résultante des forces agissant sur lui soit nulle.
2. Deuxième loi (loi fondamentale de la dynamique) : L'accélération d'un corps est proportionnelle à la force résultante agissant sur lui, la masse du corps étant la constante de proportionnalité ($F = ma$).
3. Troisième loi (loi d'action et de réaction) : Lorsqu'un corps exerce une force sur un autre, le deuxième corps exerce sur le premier une force d'intensité égale, mais en sens inverse.

Les Principia sont reconnus comme le texte scientifique le plus influent jamais écrit. Newton a analysé le mouvement des corps avec et sans frottement sous l'action des forces centripètes. Ses résultats ont été appliqués aux corps en orbite, aux projectiles, aux pendules et aux corps en chute libre près de la Terre. Il a également démontré que les planètes étaient attirées par le Soleil avec une force variant comme l'inverse du carré de la distance, et il a généralisé cette démonstration à tous les corps célestes qui s'attirent.

Le thème central des Principia était l'universalité de la force gravitationnelle. Dans cet ouvrage, Newton établit la loi de la gravitation universelle, selon laquelle toute matière attire toute autre matière avec une force proportionnelle au produit de leurs deux masses et inversement proportionnelle au carré de la distance qui les sépare. Cette loi peut être exprimée par l'équation suivante :

$$F_g = G \frac{m_1 m_2}{r^2}$$

où m1 et m2 sont les masses des deux corps exerçant une attraction gravitationnelle mutuelle, r est la distance entre les centres des deux corps et G est la constante gravitationnelle universelle.

On ne sait pas exactement comment il est arrivé à la Loi elle-même, mais une approximation probable peut être tentée à partir de la démonstration suivante.

Newton a découvert que l'accélération centripète (accélération dirigée vers le centre de courbure) des corps était donnée par $a = v^2/r$, une découverte observationnelle qui avait déjà été publiée par Christian Huygens.

En associant cette relation à la deuxième loi de Newton, nous obtenons qu'une planète de masse *m* tro, se déplaçant autour du Soleil à grande vitesse *v* dans un cercle de rayon *a* sera enseigné par...

$$F_g = ma = m\frac{v^2}{r}$$

Considérant que le cercle a un périmètre de $2\pi a$, qui prend une période T pour se déplacer, puisque la vitesse est la distance parcourue par intervalle de temps, nous avons

$$F_g = m\frac{v^2}{r} = m\frac{\left(\frac{2\pi r}{T}\right)^2}{r} = m\frac{4\pi^2 r^2}{T^2 r}$$

multiplier et diviser par a tu obtiens

$$F_g = m\frac{4\pi^2}{r^2} \times \frac{r^3}{T^2}$$

Dans lequel $r3/T2$ est la constante a de la troisième loi de Kepler. Par conséquent, pour toute planète en orbite autour du Soleil, la force gravitationnelle exercée par le Soleil serait

$$F_g = \frac{4\pi^2 m}{r^2} \times k$$

$$F_g = 4\pi^2 k \frac{m}{r^2}$$

Dans lequel *métro* est la masse de la planète, a est la distance moyenne de la planète au Soleil et a est la constante de Kepler pour le système solaire.

Multiplions et divisons par la masse du Soleil (*MÉTRO*). Vous obtenez

$$F_g = \frac{4\pi^2 k}{M}\frac{mM}{r^2}$$

Définir une constante

$$G = \frac{4\pi^2 k}{M}$$

Nous sommes arrivés à...

$$F_g = G\frac{mM}{r^2}$$

Comme le montre la démonstration, l'expression ne serait valable que pour les corps en orbite autour du Soleil, car la constante G inclut la masse du Soleil et la constante de Kepler pour les planètes en orbite autour du Soleil. Newton a dû penser que le rapport entre la constante de Kepler pour tout système et la masse du corps central serait probablement constant en soi, et il a tenté de le généraliser à tous les corps. Mais comment et pourquoi ?

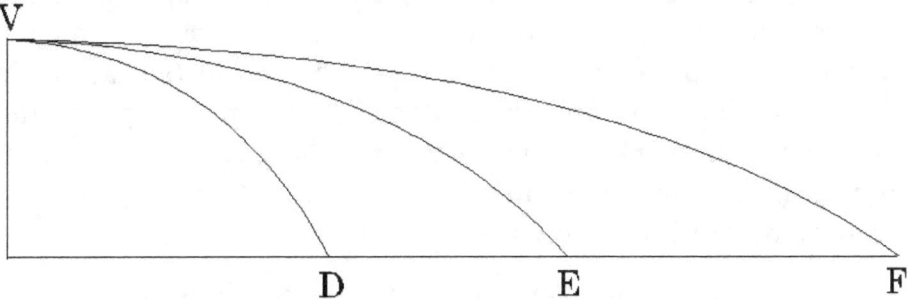

Trajectoires paraboliques de projectiles tirés horizontalement avec différentes vitesses initiales.

La légende raconte que Newton vit une pomme tomber dans son jardin du Lincolnshire et réfléchit à la force d'attraction terrestre. Il en déduisit que cette même force pouvait s'étendre jusqu'à la Lune. Connaissant les travaux de Galilée sur les projectiles, il suggéra que le mouvement de la Lune pourrait être une extension naturelle de cette théorie. Pour comprendre ce que cela signifie, imaginez un revolver tirant un projectile horizontalement depuis le sommet d'une montagne et imaginez que l'on utilise de plus en plus de poudre, ce qui entraîne une augmentation constante de la vitesse initiale de la balle.
Les trajectoires paraboliques deviendront de plus en plus plates, et si l'on imagine la montagne suffisamment haute pour négliger les frottements et le canon suffisamment puissant, « le point de chute sera finalement si éloigné qu'il faudra tenir compte de la courbure de la Terre pour déterminer le point de chute. » En réalité, la situation est plus dramatique, car la courbure de la Terre pourrait empêcher le projectile d'atteindre le sol. Newton

l'avait prédit dans son livre Principia grâce au schéma suivant : le sommet de la montagne V doit se situer bien au-dessus de l'atmosphère terrestre et, avec une vitesse initiale appropriée, le projectile orbitera autour de la Terre selon une trajectoire circulaire. En effet, la courbure de la Terre est telle que la surface « chute », par rapport à une surface véritablement horizontale appliquée au point de départ considéré, d'environ cinq mètres sur les huit premiers kilomètres.

Comme on le sait grâce à la cinétique de Galilée, la distance verticale parcourue lors de la chute d'une basse qui commence avec une composante verticale de vitesse nulle (situation de repos ou de lancement horizontal) est donnée par l'expression : dans laquelle *gramme* est l'accélération de la gravité (environ 10 m/s ou même plus environ, 9,8 m/s) et *il* C'est le temps écoulé depuis l'instant initial considéré.

Ainsi, le corps tombe d'environ cinq mètres dans la première seconde, ce qui signifie que si un projectile est tiré horizontalement à une vitesse de 8000 m/s, après une seconde il passera horizontalement à la même hauteur 8 km plus loin, et ainsi de suite, seconde après seconde, ce qui signifierait que le corps décrirait une orbite circulaire parallèle au sol.

$$y = \frac{1}{2} g t^2$$

Newton a imaginé que la trajectoire circulaire de la Lune pouvait facilement s'expliquer par la même force gravitationnelle qui avait maintenu le projectile précédent en orbite basse. Pour étudier ce concept, considérons la Lune sur une trajectoire qui, à partir d'un certain instant, s'écarte de l'horizontale, tout comme le projectile précédent. La première question est de savoir si la Lune chutera de 5 mètres au cours de la première seconde de sa trajectoire. Pour Newton, cela n'était pas difficile à déterminer, car la trajectoire de la Lune était déjà bien connue. L'orbite de la Lune a un rayon d'environ 384 000 km (périmètre) et est parcourue en 27,3 jours, soit une distance parcourue en une seconde d'environ 1 kilomètre. Cela implique, par des calculs géométriques, que la chute de la Lune par rapport à l'horizontale est d'environ 1,37 mm. Cela signifie que l'accélération gravitationnelle de la Lune par rapport à celle ressentie à la surface de la Terre est donnée par le rapport 5 000/1,37, ce qui donne environ 3 600 ; Autrement dit, l'accélération ressentie par la Lune est 3 600 fois plus faible que celle ressentie par une pomme à la surface de la Terre. L'orbite de la Lune étant environ 60 fois le rayon de la Terre, la relation entre la force gravitationnelle ressentie par un corps à la surface de la Terre et celle ressentie par la Lune semble être liée à la loi du carré inverse de la distance. La constante gravitationnelle universelle pour la Lune en orbite autour de la Terre prendrait la forme de la constante*GRAMME*exactement la même valeur que celle obtenue précédemment pour les planètes en orbite autour du Soleil. La valeur de*GRAMME*Il a été admis que le résultat obtenu par mesure est de 6,67x10-11 m3kg-1s-2 avec les unités présentées dans le SI.

$$G = \frac{4\pi^2 k}{m_T} \text{ com } k = \frac{r_L^3}{T_L^2}$$

Dans ses Principia, Newton expliqua une grande variété de phénomènes jusque-là sans rapport, tels que les comètes, les marées et leurs variations, la précession de l'axe de la Terre et le mouvement de la Lune dû à sa perturbation par la gravité solaire. Ces travaux firent de Newton un leader international de la recherche scientifique. Les scientifiques d'Europe continentale n'acceptèrent pas l'idée d'une action à distance et continuèrent de croire à la théorie des vortex de Descartes, selon laquelle chaque corps céleste induisait autour de lui des forces agissant par contact. Cela n'empêcha pas l'admiration mondiale pour la qualité technique des travaux de Newton.

Jacques II devint roi d'Angleterre le 6 février 1685. Converti à l'Église catholique romaine en 1669, il bénéficia, lors de son accession au trône, d'un fort soutien tant anglican que catholique. Cependant, les rébellions visant à renverser Jacques II conduisirent le roi à se méfier des anglicans et à placer des catholiques à des postes clés dans l'armée. Il alla même plus loin en ne nommant que des catholiques aux postes de juge et de fonctionnaire. Chaque fois qu'un poste devenait vacant à Oxford ou à Cambridge, le roi nommait un catholique à ce poste. Newton était protestant et s'opposait avec véhémence à ce qu'il considérait comme une attaque contre l'Université de Cambridge.

Lorsque le roi tenta d'insister pour accorder un diplôme universitaire à un moine bénédictin sans lui demander de passer des examens ou de réussir des tests, Newton écrivit au vice-chancelier : « Soyez audacieux et ferme dans les lois et vous ne pourrez pas échouer. »

Le vice-chancelier suivit la recommandation de Newton et fut démis de ses fonctions. Newton continua de protester contre l'affaire, préparant des documents susceptibles d'être utilisés par l'université pour sa défense. Entre-temps, Guillaume d'Orange avait été invité par de nombreux dirigeants britanniques à lever une armée pour se rendre en Angleterre et vaincre Jacques II. Il arriva en novembre 1688, et Jacques, découvrant que les protestants avaient déserté l'armée, s'enfuit en France. L'université de Cambridge élit Newton, désormais célèbre pour sa défense acharnée de l'université, comme l'un de ses deux membres du Parlement de la Convention le 15 janvier 1689. Le Parlement allait ensuite attribuer la couronne à Guillaume et Marie plus tard la même année.

À partir de 1689, son activité de recherche déclina considérablement. Suite à une dépression nerveuse, il se retira définitivement de la recherche en 1693 ; le reste de sa vie fut consacré à la politique.

Newton fut élu président de la Royal Society en 1703 et fut réélu année après année jusqu'à sa mort. Parmi ses activités en tant que président de la Royal Society, il convient de souligner sa gestion du conflit qui l'opposa à Leibniz sur l'identité du père du calcul différentiel. Newton aurait nommé une commission « impartiale » et rédigé son rapport final (bien que son nom n'y figure évidemment pas). Il a également écrit un article anonyme sur le sujet, publié dans les Philosophical Transactions of the Royal Society.

Il fut anobli par la reine Anne en 1705, devenant ainsi le premier scientifique à recevoir cet honneur. Il mourut le 20 mars 1727 à Kensington, dans le Middlesex, et fut enterré à l'abbaye de Westminster.

CHAPITRE 14 : ALBERT EINSTEIN – LE VISIONNAIRE DE LA PHYSIQUE MODERNE

Albert Einstein (1879-1955) fut l'un des plus grands scientifiques de l'histoire, dont les idées révolutionnaires ont transformé notre compréhension de l'espace, du temps, de la gravité et de l'univers. Principalement connu pour sa théorie de la relativité, Einstein a également apporté des contributions fondamentales à la mécanique quantique, à la cosmologie et à la physique statistique. Son insatiable curiosité, sa profonde intuition et sa capacité à sortir des sentiers battus ont fait de lui une icône de la science et de la culture du XXe siècle. Ce chapitre explore la vie, les découvertes et l'héritage d'Einstein, soulignant son influence durable sur la physique et la philosophie.

Albert Einstein est né le 14 mars 1879 à Ulm, dans le royaume de Wurtemberg (aujourd'hui en Allemagne). Fils d'Hermann Einstein, homme d'affaires, et de Pauline Koch, il grandit dans une famille juive de la classe moyenne. Durant son enfance, il fit preuve d'une curiosité inhabituelle et d'un talent précoce pour les mathématiques et la physique, même s'il ne excella pas dans le système éducatif traditionnel, qu'il jugeait rigide et autoritaire.

En 1896, Einstein entra à l'École polytechnique fédérale de Zurich (ETH) où il étudia la physique et les mathématiques. Après avoir obtenu son diplôme, il travailla comme examinateur de brevets à Berne, un emploi qui lui laissa du temps libre pour développer ses propres idées scientifiques. C'est durant cette période qu'Einstein publia ses œuvres les plus révolutionnaires.

Contributions scientifiques

Les contributions d'Einstein couvrent plusieurs domaines de la physique, mais ses découvertes les plus importantes concernent la théorie de la relativité, la mécanique quantique et la cosmologie. Les principaux aspects de ses travaux sont détaillés ci-dessous :

1. L'année miracle (1905) : En 1905, Einstein a publié quatre articles révolutionnaires qui ont transformé la physique :

L'effet photoélectrique : Einstein a expliqué l'effet photoélectrique en suggérant que la lumière est composée de particules appelées « quanta » (photons). Ces travaux lui ont valu le prix Nobel de physique en 1921.

Mouvement brownien : explication du mouvement aléatoire des particules dans un fluide, fournissant la preuve de l'existence des atomes.

Relativité restreinte : Einstein a proposé la théorie de la relativité restreinte, qui unifiait l'espace et le temps en un seul concept : l'espace-temps. Il a également formulé la célèbre équation (E = mc).2), qui relie la masse et l'énergie.

Équivalence masse-énergie : Einstein a démontré que la masse et l'énergie sont interchangeables, une idée qui a révolutionné la physique nucléaire.

2. La théorie de la relativité générale (1915) : En 1915, Einstein publia sa théorie de la relativité générale, qui décrit la gravité comme une courbure de l'espace-temps causée par la présence de masse et d'énergie. Cette théorie expliquait des phénomènes tels que la précession de l'orbite de Mercure et prédisait l'existence des trous noirs et des ondes gravitationnelles. La relativité générale est considérée comme l'une des plus grandes réalisations intellectuelles de l'humanité.

3. Cosmologie et expansion de l'Univers : Einstein a appliqué la relativité générale à l'étude de l'Univers dans son ensemble, contribuant ainsi au développement de la cosmologie moderne. Il a initialement proposé une « constante cosmologique » pour maintenir l'Univers statique, mais l'a ensuite abandonnée

lorsqu'Edwin Hubble a découvert que l'Univers était en expansion.

4. Mécanique quantique : Bien qu'Einstein fût l'un des fondateurs de la mécanique quantique, il s'opposa à l'interprétation probabiliste de la théorie, déclarant : « Dieu ne joue pas aux dés avec l'univers. » Il proposa le paradoxe EPR (Einstein-Podolsky-Rosen) pour remettre en question l'exhaustivité de la mécanique quantique, ce qui conduisit au développement du concept d'intrication quantique.

5. Physique statistique et mouvement brownien : Einstein a apporté d'importantes contributions à la physique statistique, en expliquant le mouvement brownien et en fournissant des preuves expérimentales de l'existence des atomes.

Albert Einstein a non seulement révolutionné la physique, mais est également devenu une icône culturelle et un défenseur de la paix, de la justice sociale et de la liberté intellectuelle. Pendant la Seconde Guerre mondiale, il a alerté le président Franklin D. Roosevelt sur le potentiel des armes nucléaires, ce qui a conduit au projet Manhattan. Cependant, après la guerre, il est devenu un fervent défenseur du désarmement nucléaire et de la coopération internationale.

Einstein critiquait également le racisme et le nationalisme. Juif, il subit les persécutions nazies et émigra aux États-Unis en 1933, où il devint professeur à l'Institute for Advanced Study de Princeton.

Albert Einstein fut l'un des plus grands génies de l'histoire des sciences, dont les travaux ont transformé notre compréhension de l'univers. Ses théories de la relativité et ses contributions à la mécanique quantique et à la cosmologie ont jeté les bases de la physique moderne. Outre ses réalisations scientifiques, Einstein était un humaniste et un défenseur de la paix, dont l'héritage continue d'inspirer les scientifiques, les philosophes et les citoyens du monde entier. Il incarnait la quête du savoir et la foi dans le pouvoir de la raison et de la curiosité humaine.

CHAPITRE 15 : NIKOLA TESLA – LE GÉNIE DE L'ÉLECTRICITÉ ET DE L'INNOVATION

Nikola Tesla (1856–1943) fut l'un des plus grands inventeurs et visionnaires de l'histoire, dont les contributions ont révolutionné l'électricité, le magnétisme et l'ingénierie. Connu pour ses inventions pionnières telles que le moteur à induction et la transmission d'énergie sans fil, Tesla fut l'un des architectes de la deuxième révolution industrielle. Son esprit brillant et ses idées futuristes, souvent en avance sur leur temps, ont fait de lui un personnage fascinant et énigmatique. Ce chapitre explore la vie, les inventions et l'héritage de Tesla, soulignant son influence durable sur la science et la technologie.

Nikola Tesla est né le 10 juillet 1856 à Smiljan, en Autriche, dans l'Empire d'Autriche (aujourd'hui la Croatie). Fils d'un prêtre orthodoxe serbe et d'une mère inventrice, Tesla a démontré dès son plus jeune âge des aptitudes exceptionnelles pour les mathématiques et la physique. Il a étudié le génie électrique à l'Université technique de Graz, en Autriche, puis à l'Université de Prague, mais a abandonné ses études pour se consacrer à une carrière d'inventeur.

En 1884, Tesla émigra aux États-Unis, où il travailla brièvement avec Thomas Edison avant de suivre sa propre voie. Malgré son génie, Tesla dut faire face à des difficultés financières et à des conflits avec d'autres inventeurs comme Edison et Guglielmo Marconi. Sa vie fut marquée par des hauts et des bas, mais ses inventions et ses idées continuent d'influencer le monde aujourd'hui encore.

Contributions et inventions scientifiques

Tesla était un inventeur prolifique, déposant plus de 300 brevets au cours de sa vie. Parmi ses contributions les plus significatives, on peut citer :

1. Courant alternatif (CA) : Tesla a développé et promu le système de courant alternatif (CA), qui est devenu la norme mondiale pour la transmission de l'énergie électrique. Contrairement au courant continu (CC) d'Edison, le CA permettait de transporter l'énergie sur de longues distances avec moins de pertes d'énergie. La « Guerre des courants » entre Tesla et Edison fut l'un des chapitres les plus marquants de l'histoire de la technologie.

2. Moteur à induction : Tesla a inventé le moteur à induction, qui utilise des champs magnétiques rotatifs pour convertir l'énergie électrique en mouvement mécanique. Ce moteur est encore largement utilisé aujourd'hui dans l'industrie et l'électroménager.

3. Bobine Tesla : La bobine Tesla est un transformateur résonant qui génère des tensions et des fréquences élevées. Initialement développée pour des expériences scientifiques, la bobine Tesla est devenue une icône de l'électrotechnique et est utilisée dans des applications telles que la radio, la télévision et les systèmes d'allumage.

4. Transmission d'énergie sans fil : Tesla rêvait d'un monde où l'énergie pourrait être transmise sans fil. Il a expérimenté la transmission d'énergie par ondes électromagnétiques et a construit la tour Wardenclyffe, un prototype de station de transmission sans fil. Bien que le projet n'ait jamais été achevé, ses idées anticipaient les technologies modernes telles que le Wi-Fi et la recharge sans fil.

5. Radio et communication sans fil : Tesla a apporté une contribution fondamentale au développement de la radio et de la communication sans fil. Bien que Guglielmo Marconi soit souvent crédité de l'invention de la radio, la Cour suprême des États-Unis a reconnu en 1943 que Tesla avait développé cette technologie avant Marconi.

6. Éclairage fluorescent et néon : Tesla a expérimenté les gaz et les décharges électriques, contribuant ainsi au développement de l'éclairage fluorescent et néon. Ses démonstrations publiques de lumières colorées ont impressionné le public et ont contribué à populariser ces technologies.

7. Télécommande : Tesla a présenté la première télécommande en 1898, utilisant des ondes radio pour piloter un bateau miniature. Cette invention a été un précurseur des télécommandes modernes utilisées pour les téléviseurs, les drones et autres appareils.

Idées visionnaires et projets futuristes

Tesla était connu pour ses idées visionnaires, dont beaucoup ne se sont concrétisées que des décennies après sa mort. Parmi ses projets les plus ambitieux, on peut citer :

Énergie libre et ouverte : Tesla croyait que l'énergie pouvait être extraite de l'environnement et distribuée gratuitement à tous.
Communication interplanétaire : Il a proposé l'idée d'utiliser des ondes électromagnétiques pour communiquer avec d'autres planètes.

Rayon de la mort : Tesla a affirmé avoir développé un rayon de particules capable de détruire des avions et des armées à distance, bien que cela n'ait jamais été prouvé.

Héritage et reconnaissance

Malgré ses contributions révolutionnaires, Tesla mourut dans un relatif anonymat le 7 janvier 1943 à New York. Cependant, son héritage fut redécouvert au cours des décennies suivantes, et il est aujourd'hui célébré comme l'un des plus grands inventeurs de l'histoire. L'unité d'induction magnétique du Système international d'unités (SI) fut baptisée « tesla » en son honneur.

Tesla est également devenu une icône de la culture populaire, symbolisant le génie incompris et le visionnaire en avance sur son temps. Sa vie et ses inventions continuent d'inspirer scientifiques, ingénieurs et rêveurs du monde entier.

Nikola Tesla fut l'un des plus grands génies de l'histoire des sciences et des technologies, dont les inventions et les idées ont transformé le monde. Ses contributions à l'électricité, au magnétisme et à la communication sans fil ont jeté les bases de nombreuses technologies que nous utilisons aujourd'hui. Outre ses prouesses techniques, Tesla incarnait la créativité, la curiosité et une vision d'un avenir meilleur. Son héritage continue d'inspirer l'innovation et de nous rappeler le pouvoir de l'imagination humaine.

JOSÉ RUIZ WATZECK

CHAPITRE 16 : L'ÉVOLUTION DES TÉLESCOPES : DE L'OPTIQUE À L'ESPACE

Les télescopes sont les fenêtres de l'humanité sur l'univers. Des premiers instruments rudimentaires aux observatoires spatiaux et terrestres de haute technologie, ils ont révolutionné notre compréhension du cosmos. Ce chapitre explore l'histoire et l'évolution des télescopes, mettant en lumière les avancées technologiques qui ont permis aux astronomes de percer les secrets de l'univers.

Les premiers télescopes : la révolution de Galilée

L'histoire des télescopes commence au début du XVIIe siècle, lorsque l'astronome italien Galilée pointa une lunette astronomique vers le ciel en 1609. Son instrument, doté d'un objectif de seulement 3 cm de diamètre et d'un grossissement de 20x, révéla des détails jamais observés auparavant : les cratères de la Lune, les lunes de Jupiter, les phases de Vénus et les étoiles de la Voie lactée. Ces observations remettaient en question le modèle géocentrique et ouvraient la voie à l'astronomie moderne.

Télescopes terrestres : l'âge des géants

Au fil des siècles, les télescopes terrestres ont évolué en taille, en précision et en capacités. Voici quelques étapes importantes :

1. Télescopes réfracteurs : Au XVIIe siècle, des télescopes tels que ceux de Johannes Kepler et de Christiaan Huygens ont amélioré la conception de Galilée, permettant des observations plus précises.
Le télescope réfracteur d'un mètre de l'observatoire Yerkes, construit en 1897, a été le plus grand du monde pendant des décennies.

2. Télescopes réfléchissants : Isaac Newton a développé le télescope réfléchissant en 1668, utilisant un miroir au lieu d'une lentille pour collecter la lumière.

Au XXe siècle, des télescopes tels que le Hale (5 mètres) sur le mont Palomar et le Keck (10 mètres) à Hawaï ont établi de nouvelles normes pour l'astronomie optique.

3. Radiotélescopes : L'invention du radiotélescope dans les années 1930 a permis aux astronomes d'étudier l'univers dans les longueurs d'onde radio.
Le Very Large Array (VLA) au Nouveau-Mexique et l'Atacama Large Millimeter Array (ALMA) au Chili sont des exemples d'observatoires radio de pointe.

4. Télescopes modernes : Le Very Large Telescope (VLT) du Chili, avec quatre télescopes de 8,2 mètres, est l'un des plus avancés au monde.

Le télescope extrêmement grand (ELT), en construction au Chili, sera doté d'un miroir de 39 mètres et sera le plus grand télescope optique du monde.

Télescopes spatiaux : au-delà de l'atmosphère

L'atmosphère terrestre déforme la lumière des étoiles et bloque certaines longueurs d'onde, limitant ainsi les observations. Pour surmonter ces obstacles, les astronomes ont développé des télescopes spatiaux :

1. Le télescope spatial Hubble (HST) est l'un des instruments astronomiques les plus importants de l'histoire. Lancé le 24 avril 1990 à bord de la navette spatiale Discovery (STS-31), Hubble a transformé notre compréhension de l'univers en fournissant des images à très haute résolution des planètes, des étoiles, des galaxies et des phénomènes cosmiques.

Principales caractéristiques de Hubble

- **Orbite:** À environ 547 km au-dessus de la Terre.
- **Taille:** Environ 44 pieds de long (environ la taille d'un autobus scolaire).
- **Miroir principal :** Mesurant 2,4 mètres de diamètre, il collecte la lumière dans les spectres ultraviolet, visible et proche infrarouge.
- **Caméras et spectrographes :** Ils comprennent des capteurs qui capturent des images et analysent la composition chimique des objets cosmiques.
- **Missions de maintenance :** Hubble a été conçu pour être amélioré et réparé dans l'espace, ce qui est unique parmi les télescopes spatiaux.

Les principales découvertes de Hubble : mesurer l'expansion de l'univers et l'énergie noire

- Hubble a aidé à calculer avec précision la constante de Hubble, qui mesure la vitesse à laquelle l'univers s'étend.
- Les découvertes de Hubble ont conduit au concept d'énergie noire, la force mystérieuse responsable de l'accélération de l'expansion cosmique.

Preuve de l'existence de trous noirs supermassifs

- Hubble a révélé que presque toutes les grandes galaxies contiennent un trou noir supermassif en leur centre.
- Des observations détaillées du trou noir de la galaxie M87 ont permis de créer la première image d'un trou noir réalisée par le télescope Event Horizon (EHT).

Évolution galactique et profondeur de l'univers

- Les télescopes Deep Field et Ultra Deep Field de Hubble ont fourni les images les plus profondes de l'univers jamais capturées, montrant des galaxies formées quelques millions d'années seulement après

le Big Bang.
- Il a observé la collision des galaxies et nous a aidé à comprendre comment elles évoluent.

Étude des exoplanètes et des atmosphères
- Hubble a détecté des atmosphères d'exoplanètes, identifiant des éléments tels que l'eau, le méthane et le dioxyde de carbone.
- Il a contribué à la recherche de planètes habitables au-delà du système solaire.

Observations détaillées des nébuleuses et des étoiles
- Il a produit des images emblématiques, telles que les piliers de la création dans la nébuleuse de l'Aigle.
- Il a étudié la formation et la mort des étoiles, révélant des détails sur les supernovae, les naines blanches et les étoiles géantes rouges.

Exploration du système solaire
- Hubble a permis de surveiller les changements sur Jupiter, Saturne et Mars, ainsi que d'étudier les exoplanètes et les lunes glacées comme Europe et Encelade.
- Il a joué un rôle décisif dans l'observation de l'impact de la comète Shoemaker-Levy 9 sur Jupiter en 1994.

Maintenance et améliorations : Hubble a été conçu pour être amélioré par les astronautes. Entre 1993 et 2009, cinq missions de maintenance ont été menées, améliorant ses instruments et prolongeant sa durée de vie.

La mission la plus critique a eu lieu en 1993, lorsque les astronautes ont installé un ensemble de lentilles correctrices pour corriger un défaut optique dans le miroir primaire, garantissant ainsi des images nettes.

Hubble vs. autres télescopes

Télescope	Gars	Portée d'observation	Objectif principal
Hubble (1990)	Espace	UV, visible, proche infrarouge	Galaxies, nébuleuses, trous noirs
James Webb (2021)	Espace	Infrarouge	Les exoplanètes, première lumière de l'univers
Nancy Grace Roman (2027 - prévu)	Espace	Infrarouge large	Énergie noire, exoplanètes
Chandra (1999)	Espace	radiographie	Trous noirs et supernovae

L'héritage et l'avenir de Hubble
- Hubble continuera de fonctionner en 2025, mais sera progressivement remplacé par le télescope spatial James Webb.
- Même avec les nouvelles technologies, Hubble reste essentiel en raison de ses capacités d'observation en lumière visible et ultraviolette.
- Son impact sur l'astronomie est incommensurable et ses images emblématiques ont inspiré des générations de scientifiques et le grand public.

Hubble a révolutionné notre façon de voir l'univers, devenant l'un des instruments scientifiques les plus importants de l'histoire.

Crédits image : NASA

2. Télescope spatial James Webb (JWST) : L'observatoire du futur. Le télescope spatial James Webb (JWST) est le télescope le plus avancé jamais construit et représente une avancée technologique par rapport à Hubble. Conçu pour fonctionner dans l'infrarouge, le télescope Webb nous permet d'observer les premières galaxies formées après le Big Bang, d'étudier en détail les exoplanètes et d'étudier l'évolution cosmique.

Version et principales fonctionnalités

- **Lancement:** 25 décembre 2021 (Ariane 5, Guyane française)
- **Orbite:** Point de Lagrange L2, à 1,5 million de kilomètres de la Terre
- **Miroir primaire :** 6,5 mètres de diamètre (fabriqué avec 18 segments de béryllium plaqués or)
- **Portée d'observation :** Infrarouge (0,6 à 28 micromètres)
- **Protection thermique :** Un écran solaire de la taille d'un court de tennis avec 5 couches qui réduisent la température optique à -233°C

Instruments scientifiques :

NIRCam (caméra proche infrarouge)

- La caméra principale du JWST capture des images détaillées de galaxies anciennes, d'exoplanètes et d'étoiles en formation.

NIRSpec (spectrographe proche infrarouge)
- Analyse la composition chimique de la lumière provenant des galaxies, des nébuleuses et des exoplanètes.

MIRI (Instrument infrarouge moyen)
- Il fonctionne dans l'infrarouge moyen, permettant l'étude des disques protoplanétaires, des trous noirs et de la poussière cosmique.

FGS/NIRISS (capteur de guidage fin/imageur proche infrarouge et spectrographe sans fente)
- Il vous permet de localiser et d'analyser avec précision les exoplanètes et les atmosphères planétaires.

Principales découvertes et objectifs scientifiques
Premières galaxies de l'univers
- Le JWST a identifié les plus anciennes galaxies jamais observées, formées environ 250 à 300 millions d'années après le Big Bang.
- Les études de ces galaxies nous aident à comprendre comment l'univers a évolué au cours du premier milliard d'années.

atmosphères des exoplanètes
- Le JWST analyse la composition chimique et les conditions atmosphériques des exoplanètes lointaines.
- Il a déjà détecté du dioxyde de carbone, de la vapeur d'eau, du méthane et d'autres éléments qui pourraient indiquer l'habitabilité.

Évolution des étoiles et formation des systèmes planétaires
- Disques protoplanétaires observés, révélant des détails sur la façon dont les planètes se forment.
- Étudiez les nébuleuses et les étoiles mourantes,

comme la nébuleuse de l'anneau sud.

Trous noirs supermassifs et matière noire

- Observez les jets provenant des trous noirs, ce qui aide à comprendre leur influence sur l'évolution galactique.
- Cela pourrait fournir des indices sur la matière noire, qui reste l'un des plus grands mystères de l'univers.

Comparaison entre JWST, Hubble et Nancy Grace Roman

Télescope	Portée d'observation	Miroir primaire	Objectif principal
Hubble (1990)	Visible, UV, proche infrarouge	2,4 mètres	Galaxies, nébuleuses, trous noirs
James Webb (2021)	Infrarouge	6,5 mètres	Premières galaxies, exoplanètes, trous noirs
Nancy Grace Roman (2027 - prévu)	Infrarouge large	2,4 mètres	Énergie noire, exoplanètes et cartographie cosmique

L'impact du JWST sur l'astronomie

- Répondez aux questions sur l'origine des premières étoiles et galaxies.
- Cela élargit notre compréhension des exoplanètes et de leur habitabilité.
- Cela ouvre la voie à de futures missions qui pourraient détecter des signes de vie au-delà de la Terre.

Le JWST révolutionne notre vision du cosmos, ouvre de nouvelles frontières en astronomie et apporte des réponses sur les origines de l'univers et de la vie.

L'HISTOIRE DE L'ASTRONOMIE

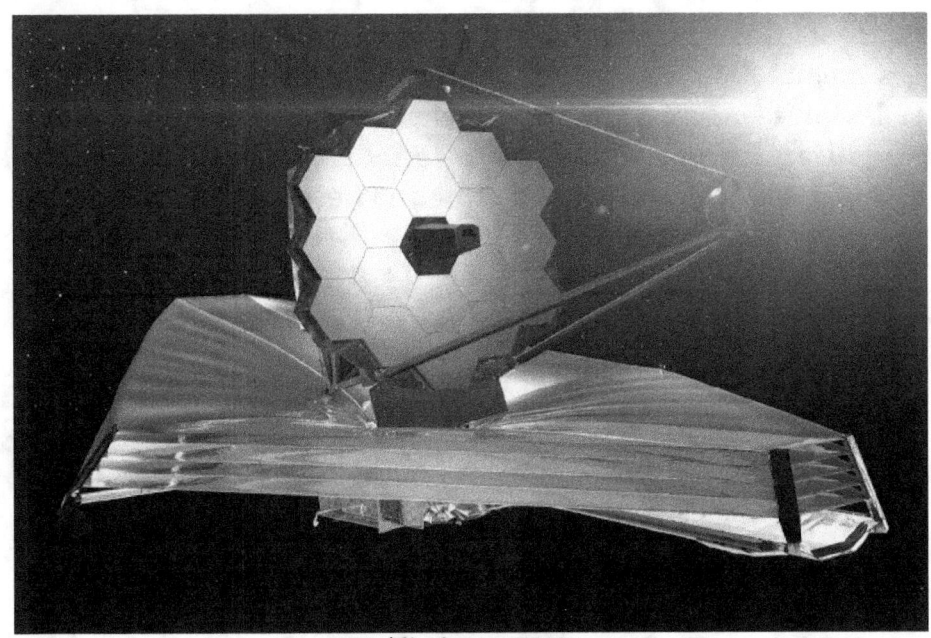

Crédits image : NASA

3. Observatoire spatial Chandra : le chasseur de rayons X de l'univers

Le télescope spatial Chandra est le télescope à rayons X le plus avancé jamais lancé. Depuis 1999, il révolutionne notre compréhension des trous noirs, des supernovae et des amas de galaxies, nous permettant d'observer les phénomènes les plus extrêmes du cosmos.

Version et principales fonctionnalités
- **Lancement:**23 juillet 1999 (navette spatiale Columbia, STS-93)
- **Orbite:**Très elliptique (entre 16 000 km et 133 000 km de la Terre)
- **Portée d'observation :**Rayons X (0,1 à 10 keV)
- **Taille:**13,8 mètres de long
- **Miroirs:**Super réfléchissant, avec une précision extrêmement élevée pour la focalisation des rayons X.

Pourquoi Chandra observe-t-il les rayons X ?

Les rayons X sont émis par certains des objets les plus chauds et les plus énergétiques de l'univers, tels que les trous noirs, les pulsars et les galaxies en fusion. Cependant, l'atmosphère terrestre bloque ce rayonnement ; un télescope spatial est donc nécessaire pour les détecter.

Il est essentiel d'étudier Chandra :
Trous noirs et leurs disques d'accrétionSupernovae et restes stellairesAmas de galaxies et matière noirePulsars et magnétars.

Principales découvertes et contributions scientifiques
Trous noirs supermassifs

- **L'existence de trous noirs supermassifs au centre des galaxies est confirmée**, y compris la Voie lactée.
- Des jets de matière éjectés par des trous noirs ont été détectés, offrant un aperçu de leur dynamique.
- Il a étudié Sagittarius A*, le trou noir de notre galaxie.

[2]Les supernovae et leurs conséquences

- Il a observé des restes de supernova tels que Cassiopée A et Kepler, ce qui a aidé à comprendre comment les étoiles massives explosent et enrichissent l'univers en éléments lourds.
- Des impulsions de rayons X provenant de pulsars (étoiles à neutrons hautement magnétisées) ont été détectées.

Amas de galaxies et matière noire

- Il a découvert du gaz surchauffé entre les galaxies, ce qui a aidé à calculer la masse totale de l'univers.
- Elle a fourni des preuves directes de l'existence de la matière noire, comme la collision du Bullet Cluster (l'une des meilleures indications de l'existence de cette substance invisible).

Exploration des étoiles et des exoplanètes

- Il a identifié les sursauts de rayons X provenant de naines brunes et de jeunes étoiles, aidant

- à comprendre comment se forment les systèmes planétaires.
- Ils ont découvert d'intenses émissions de rayons X provenant d'étoiles proches, révélant des détails sur leur activité magnétique.

Comparaison de Chandra et d'autres télescopes spatiaux

Télescope	Gars	Portée d'observation	Objectifs principaux
Hubble (1990)	Espace	UV, visible, proche infrarouge	Galaxies, nébuleuses, trous noirs
Chandra (1999)	Espace	radiographie	Trous noirs, supernovae, amas de galaxies
James Webb (2021)	Espace	Infrarouge	Premières galaxies, exoplanètes, évolution cosmique
Fermi (2008)	Espace	rayons gamma	Sursauts gamma, pulsars et matière noire

Durée de vie et entretien
- Contrairement à Hubble, Chandra n'a pas été conçu pour être entretenu en orbite, mais fonctionne sans problème depuis 1999.
- Il y a suffisamment de carburant pour continuer à fonctionner au moins jusqu'en 2030.

L'héritage de Chandra et l'avenir de l'astronomie des rayons X
- Chandra a révolutionné l'astrophysique en fournissant des informations cruciales sur les objets les plus extrêmes de l'univers.

- Son héritage sera complété par de futurs télescopes tels qu'Athena (prévu pour 2037), le nouveau télescope à rayons X de l'ESA.

Chandra reste notre principale fenêtre sur les événements cosmiques les plus violents, nous aidant à percer les secrets de l'univers invisible !

Crédits image : NASA

Le télescope spatial Spitzer était l'un des grands observatoires de la NASA, conçu pour étudier l'univers dans le spectre infrarouge. Lancé le 25 août 2003, Spitzer a fonctionné avec succès jusqu'au 30 janvier 2020, date de son déclassement. Il était essentiel pour explorer les régions de l'espace invisibles à la lumière visible, permettant la détection d'objets froids et lointains, tels que les exoplanètes, les nébuleuses et les galaxies primordiales.

Principales caractéristiques de Spitzer

- **Orbite**Contrairement à d'autres télescopes spatiaux tels que Hubble, Spitzer suivait une orbite héliocentrique (autour du Soleil), s'éloignant progressivement de la Terre.

- **Outils**:
    1. **IRAC (caméra matricielle infrarouge)**– images capturées dans quatre bandes infrarouges.
    2. **IRS (spectrographe infrarouge)**– a analysé la composition chimique des objets célestes.
    3. **MIPS (photomètre d'imagerie multibande pour Spitzer)**– a détecté un rayonnement thermique à différentes longueurs d'onde.
- **Refroidissement cryogénique** Le rayonnement infrarouge étant émis par la chaleur, Spitzer était équipé d'un système à hélium liquide pour refroidir ses instruments. En 2009, l'hélium s'est épuisé, mettant fin à certaines fonctions, mais le télescope a continué à fonctionner en « mission prolongée » avec les canaux infrarouges restants.

Découvertes scientifiques : Spitzer a apporté de nombreuses contributions à l'astronomie moderne. Parmi les plus importantes, on peut citer :

1. **Exoplanètes et atmosphères**
    - Il a été le pionnier de la caractérisation des atmosphères des exoplanètes, en détectant les signatures de molécules telles que l'eau, le dioxyde de carbone et le méthane sur des planètes situées au-delà de notre système solaire.
    - Le système TRAPPIST-1 a été découvert, avec sept planètes rocheuses, dont trois dans la zone habitable.

2. **Étude des premières galaxies**

- Il a observé certaines des galaxies les plus anciennes et les plus éloignées de l'univers, formées peu après le Big Bang.
- Cela a aidé à comprendre la réionisation cosmique, une période cruciale dans l'évolution de l'univers.

3. **L'évolution stellaire**
   - Il a étudié les pépinières stellaires, telles que la nébuleuse d'Orion, révélant la formation de nouvelles étoiles enveloppées de poussière.
   - Disques protoplanétaires identifiés, indiquant les sites où de nouveaux systèmes solaires se sont formés.

4. **Comètes et objets du système solaire**
   - Il a étudié des comètes comme Tempel 1, analysant la composition de la poussière et de la glace lors d'impacts contrôlés.
   - Astéroïdes et lunes glacées observés dans le système solaire externe.

Héritage et successeurs : Le télescope spatial Spitzer a cessé ses activités en 2020, mais ses découvertes demeurent fondamentales pour l'astronomie. Son héritage est perpétué par d'autres télescopes, notamment :

- **Télescope spatial James Webb (JWST)** Lancé en 2021, il est doté de capteurs infrarouges beaucoup plus avancés, permettant des études encore plus approfondies des exoplanètes et des galaxies lointaines.
- **Télescope spatial romain Nancy Grace** Son lancement est prévu pour les prochaines années et se concentrera sur l'astrophysique à grand champ et la matière noire.

Spitzer a révolutionné notre compréhension du cosmos en révélant l'univers dans des longueurs d'onde invisibles à l'œil humain, ouvrant la voie à de nouvelles générations de télescopes infrarouges.

Crédits image : NASA

Le télescope spatial Nancy Grace Roman (anciennement Wide Field Infrared Survey Telescope – WFIRST) est un télescope spatial de la NASA dont le lancement est prévu en mai 2027. Il s'agira d'un télescope infrarouge à grand champ conçu pour répondre à des questions fondamentales sur l'énergie noire, les exoplanètes et la structure de l'univers.

Caractéristiques du télescope romain - Nom et hommage
Le télescope a été rebaptisé en 2020 en l'honneur de l'astronome Nancy Grace Roman (1925-2018), surnommée la « Mère du télescope Hubble ». Elle fut l'une des premières femmes à occuper un poste de direction à la NASA et joua un rôle clé dans la conception du télescope spatial Hubble.

Orbite et plateforme

- Roman sera placé sur une orbite en halo autour du point de Lagrange L2, à environ 1,5 million de kilomètres de la Terre, la même région où fonctionne le télescope spatial James Webb (JWST).
- Cela permettra une vision stable et à long terme de l'univers avec un minimum d'interférences thermiques et gravitationnelles de la Terre.

Instruments scientifiques - Instrument à grand champ (WFI)

- Caméra infrarouge de 300 mégapixels.
- Champ de vision 100 fois plus grand que celui de Hubble (permettant des études statistiques massives de galaxies et d'exoplanètes).
- Cartographier des millions de galaxies pour comprendre l'expansion de l'univers et l'énergie noire.

Instrument coronographe :

- Il vous permet de bloquer la lumière des étoiles pour étudier directement les planètes qui les entourent.
- Une technologie expérimentale qui pourrait ouvrir la voie à de futurs télescopes à la recherche de signes de vie sur les exoplanètes.

Principaux objectifs scientifiques : Étude de l'énergie noire et de l'expansion de l'univers.

- Roman nous aidera à comprendre la nature de l'énergie noire, qui représente environ 68 % de l'univers et entraîne son expansion accélérée.
- Il cartographiera la distribution des galaxies au cours du temps cosmique pour voir si l'énergie noire change au fil du temps.
- Il effectuera des mesures de lentille gravitationnelle, où la lumière provenant de galaxies lointaines est déformée par la gravité de galaxies plus proches.

Recherche d'exoplanètes

- Il utilisera la microlentille gravitationnelle, une technique unique qui détecte les planètes lorsqu'elles passent devant des étoiles lointaines en courbant leur lumière.
- Des milliers de nouvelles exoplanètes devraient être découvertes, y compris des planètes errantes qui n'orbitent pas autour d'étoiles.
- Il complétera le télescope spatial James Webb et le télescope Kepler dans l'étude de la diversité des systèmes planétaires.

Étude des structures cosmiques

- Il produira la carte infrarouge la plus grande et la plus détaillée de l'univers.
- Il créera un recensement détaillé des galaxies pour comprendre la formation et l'évolution de la matière au fil du temps.

Différences entre Roman, Hubble et James Webb

Fonctionnalité	Le télescope Hubble	James Webb	Nancy Grace Roman
Lancement	1990	2021	Prévu pour 2027
Type de télescope	Optique et ultraviolet	Infrarouge profond	Infrarouge et champ large
Diamètre du miroir	2,4 mètres	6,5 mètres	2,4 mètres
Champ de vision	Petit	Petit	100 fois plus grand que Hubble
Approche scientifique	Univers proche, nébuleuses	Galaxies anciennes, exoplanètes	Énergie noire, exoplanètes et structure cosmique

Impact et héritage

- Le Nancy Grace Roman sera le premier télescope spatial dédié à l'étude de l'énergie noire, l'une des plus grandes inconnues de la cosmologie moderne.
- Il permettra une cartographie sans précédent de l'univers, servant de complément parfait aux

télescopes comme le JWST, qui se concentrent sur des cibles spécifiques.

- Ses innovations, comme le coronographe, pourraient servir de base à de futures missions de recherche de biosignatures sur des exoplanètes.

Doté d'un immense champ de vision et d'une technologie de pointe, le télescope spatial Nancy Grace Roman promet de révolutionner notre compréhension du cosmos, ouvrant de nouvelles frontières pour l'astrophysique et la cosmologie modernes.

Crédits image : NASA

Technologies du futur : l'horizon de l'astronomie

L'astronomie continue de progresser avec des projets ambitieux qui promettent de révolutionner notre compréhension de l'univers :

1. Télescopes géants : l'Extremely Large Telescope (ELT) et le Giant Magellan Telescope (GMT) permettront des observations

détaillées d'exoplanètes et de galaxies lointaines.

2. Télescopes spatiaux : le télescope spatial Nancy Grace Roman et le LUVOIR (Large UV/Optical/IR Surveyor) élargiront notre capacité à étudier l'univers à plusieurs longueurs d'onde.

3. Technologies innovantes : l'optique adaptative, l'intelligence artificielle et l'interférométrie améliorent la résolution et la précision des télescopes.

L'évolution des télescopes est une histoire de curiosité, d'innovation et de dépassement des limites. Des premiers instruments de Galilée aux observatoires spatiaux et terrestres de pointe, les télescopes nous ont permis d'explorer l'univers de manière toujours plus approfondie. À l'avenir, de nouvelles technologies et des projets ambitieux continueront d'élargir nos horizons, révélant les secrets du cosmos que nous n'avons pas encore imaginés.

CHAPITRE 17 : L'ÈRE DES EXOPLANÈTES – À LA DÉCOUVERTE DE NOUVEAUX MONDES

La découverte d'exoplanètes, planètes en orbite autour d'étoiles extérieures à notre système solaire, est l'un des domaines les plus passionnants et dynamiques de l'astronomie moderne. Depuis la première confirmation d'une exoplanète en 1992, des milliers de ces planètes ont été identifiées, révélant une incroyable diversité de systèmes planétaires. Ce chapitre explore les méthodes de détection, la recherche de planètes habitables et les missions qui révolutionnent notre compréhension de l'univers.

Méthodes de détection des exoplanètes

La détection des exoplanètes représente un défi technique, car ces planètes sont extrêmement lointaines et éclipsées par la luminosité de leurs étoiles. Les astronomes ont développé plusieurs techniques pour surmonter ces difficultés :

1. Méthode de transit : lorsqu'une planète passe devant son étoile, elle bloque une petite fraction de la lumière de l'étoile, provoquant une « baisse » de la luminosité observée.
Cette méthode permet de déterminer la taille de la planète et son orbite. Par exemple, le télescope Kepler a découvert des milliers d'exoplanètes grâce à cette technique.

2. Méthode des vitesses radiales : la gravité d'une planète provoque une légère oscillation de son étoile, ce qui modifie la luminosité de l'étoile par effet Doppler. Cette méthode révèle la masse de la planète et sa distance à l'étoile.
Exemple : La découverte de 51 Pegasi b, la première exoplanète confirmée autour d'une étoile semblable au Soleil.

3. Microlentille gravitationnelle : lorsqu'une étoile portant une

planète passe devant une autre étoile lointaine, sa gravité amplifie la lumière de l'étoile d'arrière-plan, créant un pic de luminosité. Cette méthode est sensible aux planètes lointaines et de faible masse. Exemple : OGLE-2005-BLG-390Lb, une planète glacée découverte en 2006.

4. Imagerie directe : Les télescopes avancés capturent des images directes d'exoplanètes en bloquant la lumière de l'étoile à l'aide de coronographes ou de masques. Cette méthode est idéale pour les grandes planètes éloignées de leur étoile. Par exemple, HR 8799, un système à quatre planètes, a été photographié directement.

La recherche de planètes habitables

L'un des objectifs les plus fascinants de l'astronomie moderne est de trouver des planètes capables d'abriter la vie. Pour ce faire, les astronomes recherchent des exoplanètes dans la « zone habitable », la région autour d'une étoile où la température permet la présence d'eau liquide à la surface.

1. Zone habitable : Les planètes situées dans la zone habitable présentent des conditions potentiellement propices à la vie telle que nous la connaissons. Exemple : Proxima Centauri b, une planète située dans la zone habitable de l'étoile la plus proche du Soleil.

2. Biosignatures : Les astronomes étudient l'atmosphère des exoplanètes à la recherche de gaz comme l'oxygène, le méthane et l'ozone, qui pourraient indiquer la présence de vie. Par exemple, le télescope James Webb analyse l'atmosphère des exoplanètes pour détecter des biosignatures.

3. Super-Terres et planètes océaniques : les planètes rocheuses plus grandes que la Terre, comme LHS 1140 b, et les mondes recouverts d'océans, comme TOI-1452 b, sont des candidats prometteurs pour l'habitabilité.

Des missions importantes dans la recherche d'exoplanètes

Plusieurs missions spatiales et télescopes terrestres ont joué un rôle crucial dans la découverte et l'étude des exoplanètes :

1. Télescope Kepler (2009-2018) : Kepler a révolutionné l'astronomie en découvrant plus de 2 600 exoplanètes confirmées. Il a révélé que les planètes sont fréquentes dans la galaxie, en particulier les super-Terres et les mini-Neptunes.

2. Satellite d'étude des exoplanètes en transit (TESS, 2018–présent) : TESS scrute la quasi-totalité du ciel à la recherche d'exoplanètes proches, en se concentrant sur les petites étoiles brillantes. Il a déjà identifié des milliers d'exoplanètes candidates, dont TOI-700 d, une planète située dans la zone habitable.

3. Télescope spatial James Webb (JWST, 2021–présent) : Le JWST étudie les atmosphères des exoplanètes avec une précision inégalée, à la recherche de biosignatures et de caractéristiques climatiques. Exemple : Analyse de l'atmosphère de WASP-96 b, un « Jupiter chaud ».

4. Missions futures : PLATO (prévue pour 2026) : une mission de l'ESA qui recherchera des planètes rocheuses dans des zones habitables autour d'étoiles semblables au Soleil.
ARIEL (prévue pour 2029) : une mission de l'ESA visant à étudier en détail les atmosphères des exoplanètes.

Les prochaines missions PLATO et ARIEL, toutes deux de l'Agence spatiale européenne (ESA), s'inscrivent dans le cadre des efforts continus d'exploration des exoplanètes, visant à la fois à détecter de nouveaux mondes potentiellement habitables et à analyser en détail leur atmosphère. Je détaille ci-dessous chacune de ces missions :

PLATON (Transits planétaires et oscillations des étoiles)

*Description et importance*La mission PLATO a été approuvée dans le cadre du programme Vision Cosmique 2015-2025 de l'ESA et vise à détecter des planètes telluriques dans des zones habitables et à étudier leurs étoiles hôtes. Contrairement aux missions précédentes telles que Kepler et TESS, PLATO adoptera une approche innovante, combinant la détection des transits planétaires à l'astérosismologie.

Comment fonctionne PLATO ?

PLATO utilisera 26 télescopes et caméras de haute précision, permettant une large couverture du ciel et des observations continues d'étoiles brillantes. Il détectera les exoplanètes grâce à la méthode des transits, observant les faibles baisses de luminosité des étoiles causées par le passage de planètes. Il utilisera également l'astérosismologie, l'étude des oscillations stellaires, pour mesurer précisément les caractéristiques des étoiles hôtes, telles que la masse, le rayon et l'âge. Cela contribuera à déterminer la composition et la structure des planètes découvertes.

Objectifs principaux

- Trouvez des planètes rocheuses dans des zones habitables, où de l'eau liquide pourrait exister.
- Caractériser la taille, la masse et l'orbite de ces planètes.
- Étudiez la structure interne des étoiles pour mieux comprendre la formation planétaire.
- Créer un catalogue détaillé des exoplanètes qui pourraient être des cibles pour des études atmosphériques lors de futures missions.

Impact scientifique

PLATO sera essentiel pour comprendre la diversité des systèmes planétaires et contribuer à répondre à la question : « Sommes-nous seuls dans l'Univers ? » De plus, les données qu'il fournira seront précieuses pour de futures missions comme ARIEL.

ARIEL (Enquête à grande échelle sur les exoplanètes par télédétection infrarouge atmosphérique)

Description et importance : La mission ARIEL a été sélectionnée comme quatrième mission de classe moyenne du programme Cosmic Vision de l'ESA. Elle se caractérisera par l'étude de la composition chimique de l'atmosphère des exoplanètes, une mission encore jamais réalisée à grande échelle.

ARIEL ne recherchera pas de nouvelles exoplanètes, mais analysera plutôt les atmosphères de centaines de mondes connus de tailles et de compositions variées, des géantes gazeuses aux super-Terres.

Comment fonctionne ARIEL ?
ARIEL utilisera un télescope d'un mètre équipé d'un spectrographe fonctionnant dans l'infrarouge et le visible. Il analysera la lumière des étoiles traversant l'atmosphère des exoplanètes lors de leurs transits, permettant ainsi d'identifier des gaz tels que la vapeur d'eau, le dioxyde de carbone, le méthane et d'autres composés.

La mission observera également les planètes chaudes et tempérées, ce qui nous aidera à comprendre les processus atmosphériques et la diversité chimique des exoplanètes.

Objectifs principaux
- Analyser les atmosphères d'au moins 1 000 exoplanètes.
- Identifier les principaux composants chimiques et thermiques de ces atmosphères.
- Créez une base de données pour les futures missions capables de rechercher des signes de vie.
- Comprendre la formation et l'évolution des planètes dans le contexte de notre propre système solaire.

Impact scientifique
ARIEL fournira des données inédites sur la chimie des exoplanètes, contribuant ainsi à répondre à des questions fondamentales sur la diversité planétaire et les conditions nécessaires à la formation de mondes habitables. Ce sera une

étape cruciale vers l'étude des atmosphères exoplanétaires et un complément idéal à la mission PLATO.

Relation entre PLATON et ARIEL

Ces missions se complètent parfaitement. PLATO identifiera de nouvelles exoplanètes et caractérisera leurs étoiles hôtes, tandis qu'ARIEL étudiera la composition chimique de l'atmosphère de ces planètes. Ensemble, elles fourniront une image plus complète de la diversité des exoplanètes et de leurs conditions d'habitabilité.

Ces missions, combinées à des télescopes comme le télescope spatial James Webb (JWST) et à des projets futurs comme LUVOIR et HabEx, feront progresser l'astrobiologie et la recherche de la vie au-delà de la Terre pour les décennies à venir.

Ces missions représentent une nouvelle étape dans l'exploration exoplanétaire, fournissant des réponses plus précises sur la diversité planétaire et aidant à définir les prochaines étapes dans la recherche de la vie au-delà de la Terre.

L'ère des exoplanètes ne fait que commencer. Chaque nouvelle découverte nous permet d'en apprendre davantage sur la diversité des mondes au-delà de notre système solaire et de nous rapprocher de la réponse à l'une des questions les plus profondes de l'humanité : sommes-nous seuls dans l'univers ? Les missions actuelles et futures promettent de révéler encore plus de secrets, ouvrant la voie à l'exploration de planètes susceptibles d'abriter la vie et élargissant notre compréhension du cosmos.

CHAPITRE 18 : TROUS NOIRS ET ONDES GRAVITATIONNELLES : DE NOUVELLES FENÊTRES SUR L'UNIVERS

Les trous noirs et les ondes gravitationnelles sont deux des concepts les plus fascinants et mystérieux de la physique moderne. Ils représentent des phénomènes extrêmes qui remettent en question notre compréhension de l'espace, du temps et de la gravité. Ce chapitre explore les découvertes récentes qui ont transformé ces concepts théoriques en réalités observables, ouvrant de nouvelles perspectives pour l'étude de l'univers.

La première image d'un trou noir

Le 10 avril 2019, le monde a été témoin d'une étape historique en astronomie : la première image directe d'un trou noir. Capturée par l'Event Horizon Telescope (EHT), un réseau mondial de radiotélescopes, l'image a révélé le trou noir supermassif au centre de la galaxie M87, à 55 millions d'années-lumière de la Terre.

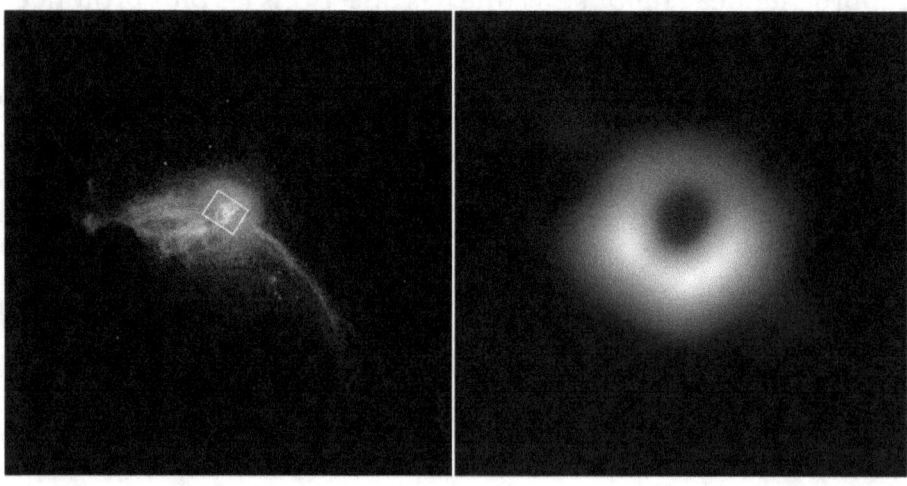

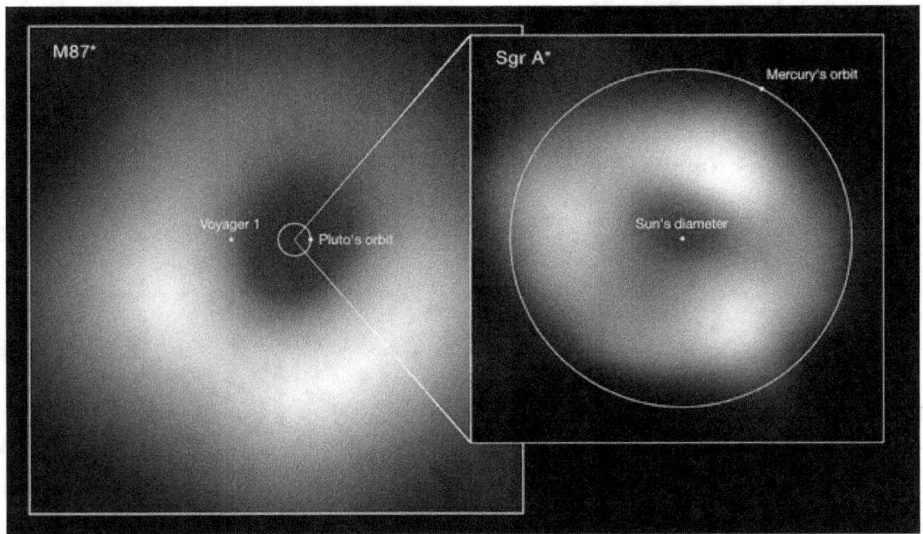

1. Fonctionnement de l'EHT : L'EHT utilise une technique appelée interférométrie à très longue base (VLBI), qui combine les données de télescopes du monde entier pour créer un « télescope virtuel » de la taille de la Terre. Cette technique permet une résolution angulaire incroyablement élevée, suffisante pour « voir » l'horizon des événements d'un trou noir.

2. Ce que montre l'image : L'image révèle un anneau brillant de gaz chaud en orbite autour du trou noir, avec une région centrale sombre appelée « l'ombre ». Cette ombre est l'horizon des événements, le point au-delà duquel rien, pas même la lumière, ne peut s'échapper. L'image a confirmé les prédictions de la théorie de la relativité générale d'Einstein et a apporté des éclaircissements sur la physique des trous noirs.

Ondes gravitationnelles : l'univers en vibration

Les ondes gravitationnelles sont des ondulations de l'espace-temps, prédites par Einstein en 1916 dans le cadre de sa théorie de la relativité générale. En 2015, l'Observatoire d'ondes gravitationnelles par interféromètre laser (LIGO) a réalisé la première détection directe de ces ondes, inaugurant une nouvelle ère en astronomie.

1. La première détection : Le 14 septembre 2015, LIGO a détecté des ondes gravitationnelles provenant de la collision de deux trous noirs à 1,3 milliard d'années-lumière.
Cette découverte a confirmé l'existence des ondes gravitationnelles et a ouvert une nouvelle façon d'observer l'univers.

2. Fonctionnement de LIGO : LIGO utilise des interféromètres dotés de bras de 4 km de long pour mesurer les infimes variations de l'espace-temps causées par les ondes gravitationnelles. La collaboration LIGO-Virgo (qui inclut le détecteur Virgo en Italie) a déjà détecté des dizaines d'événements, notamment des collisions de trous noirs et d'étoiles à neutrons.

3. Impact scientifique : Les ondes gravitationnelles nous permettent d'étudier des phénomènes invisibles aux télescopes traditionnels, comme la fusion des trous noirs et des étoiles à neutrons. Elles nous éclairent également sur la nature de la gravité, l'expansion de l'univers et la formation d'éléments

lourds comme l'or et le platine.

Trous noirs supermassifs : les géants du cosmos

Les trous noirs supermassifs, dont la masse est des millions, voire des milliards de fois supérieure à celle du Soleil, sont au cœur de la plupart des galaxies, y compris la Voie lactée. Ils jouent un rôle crucial dans l'évolution de l'univers.

Formation et croissance des trous noirs supermassifs

Les trous noirs supermassifs (SMBH) sont des objets cosmiques extrêmement massifs, généralement situés au centre des galaxies. Le processus de formation et de croissance de ces géants fait toujours l'objet de recherches approfondies en astrophysique, mais certaines théories prédominent.

1. Formation de trous noirs supermassifs

Contrairement aux trous noirs stellaires, qui naissent de l'effondrement d'étoiles massives, l'origine des trous noirs supermassifs demeure incertaine. Les principales théories sont les suivantes :

a) Croissance à partir des trous noirs primordiaux

Une possibilité est que des trous noirs plus petits, formés dans l'univers primitif (peu après le Big Bang), aient servi de « germes » à des trous noirs supermassifs. Ces trous noirs primordiaux se seraient développés au fil du temps en absorbant de la matière et en fusionnant avec d'autres trous noirs.

b) Effondrement direct de nuages de gaz massifs

Une autre théorie suggère que, sous certaines conditions, de grands nuages de gaz peuvent s'effondrer directement et former un trou noir sans passer par la phase stellaire. Cela donnerait naissance à un trou noir initial beaucoup plus grand que ceux formés par effondrement stellaire, accélérant ainsi sa croissance.

c) Fusion de trous noirs plus petits

Les trous noirs de masse intermédiaire peuvent se former à partir de la fusion de plusieurs trous noirs plus petits, qui fusionnent ensuite en un seul trou noir supermassif.

2. Croissance des trous noirs supermassifs

Après leur formation initiale, les trous noirs supermassifs se développent de trois manières principales :

a) Matière accrétive (disque d'accrétion) : Les trous noirs supermassifs se nourrissent de gaz, de poussière et d'étoiles qui tombent sous leur influence gravitationnelle. À mesure que la matière gravite en spirale vers le trou noir, elle forme un disque d'accrétion extrêmement chaud et brillant, libérant d'importantes quantités de rayonnement. Ce processus peut générer des quasars, les noyaux galactiques actifs les plus lumineux de l'univers.

b) Fusion avec d'autres trous noirs : Lors de collisions entre galaxies, des trous noirs centraux peuvent fusionner. Ce processus est stimulé par la dynamique gravitationnelle des galaxies fusionnées, conduisant à la formation d'un trou noir encore plus grand. Ces fusions génèrent des ondes gravitationnelles, détectables par des observatoires tels que LIGO et Virgo.

c) Cannibalisme stellaire : Les trous noirs supermassifs peuvent détruire et consumer les étoiles qui s'approchent trop près, un phénomène connu sous le nom de perturbation par effet de marée. Lors de ces événements, l'étoile est étirée et déchirée par l'immense attraction gravitationnelle du trou noir, libérant une explosion de rayonnement avant d'être engloutie.

3. Exemple notable : le trou noir dans la galaxie M87

L'un des exemples les plus emblématiques de trou noir supermassif est celui situé au centre de la galaxie elliptique M87, à environ 55 millions d'années-lumière de la Terre. Ses principales caractéristiques sont les suivantes :

- **Masse:** Environ 6,5 milliards de fois la masse du Soleil.
- **Première image directe:** C'est le premier trou noir à être photographié, en 2019, par l'Event Horizon Telescope (EHT).
- **Jet relativiste :** Il émet un jet de particules qui se déplace presque à la vitesse de la lumière et s'étend sur des milliers d'années-lumière.
- **Région de l'horizon des événements :** On estime qu'il a un diamètre d'environ 40 milliards de kilomètres.

L'image capturée du trou noir M87 était historique, confirmant les prédictions d'Einstein sur la relativité générale et permettant une étude plus détaillée de la structure des trous noirs.

4. Le rôle des trous noirs supermassifs dans l'évolution des galaxies

Les trous noirs supermassifs influencent fortement leurs galaxies hôtes par le biais de la rétroaction de leur activité :

- **Quasars et galaxies actives :** Lorsque les trous noirs supermassifs sont dans une période de forte accrétion, ils génèrent des quasars extrêmement lumineux.
- **Jets et vents galactiques :** Les jets relativistes peuvent éjecter de la matière de la galaxie, régulant la formation d'étoiles en empêchant la formation de nouvelles étoiles.
- **Fusion de galaxies :** Lorsque deux galaxies entrent en collision, leurs trous noirs centraux peuvent éventuellement fusionner, modifiant la structure de la nouvelle galaxie résultante.

Les trous noirs supermassifs comptent parmi les objets les plus fascinants et énigmatiques du cosmos. Leur croissance s'étend sur des milliards d'années, accrétant de la matière, fusionnant avec d'autres trous noirs et affectant profondément leurs galaxies hôtes. Le trou noir M87 est l'un des exemples les plus connus de ce phénomène et demeure une cible essentielle pour comprendre la physique extrême de l'univers.

2. Rôle dans l'évolution des galaxies : Les trous noirs supermassifs influencent la formation d'étoiles et la structure des galaxies. L'énergie libérée par les trous noirs actifs peut réguler la croissance galactique et empêcher la formation d'étoiles.

Les trous noirs et les ondes gravitationnelles sont des phénomènes extrêmes qui remettent en question notre compréhension de l'univers. La première image d'un trou noir et la détection d'ondes gravitationnelles ont inauguré une nouvelle ère en astronomie, nous permettant d'explorer le cosmos d'une manière jusqu'alors impossible. Ces découvertes ont non seulement confirmé les prédictions d'Einstein sur la relativité générale, mais ont également ouvert la voie à de nouvelles questions et à de nouveaux défis. En poursuivant l'étude de ces phénomènes, nous perçons les secrets de l'univers et réécrivons l'histoire de la physique.

CHAPITRE 19 : EXPLORATION DU SYSTÈME SOLAIRE – MISSIONS ET DÉCOUVERTES

Le système solaire est un laboratoire naturel qui nous permet d'étudier la formation et l'évolution des planètes, des lunes et d'autres corps célestes. Des premières missions spatiales aux explorateurs de Mars et aux sondes explorant les confins du système solaire, l'humanité a percé les secrets de nos voisins cosmiques. Ce chapitre explore les missions les plus importantes et les découvertes qu'elles ont permises.

Mars : la planète rouge

Mars a été un centre majeur d'exploration spatiale, grâce à sa proximité relative et à son potentiel à abriter la vie, passée ou présente.

1. Rovers sur Mars : Curiosité et persévérance
Les rovers martiens ont joué un rôle fondamental dans la compréhension de l'histoire géologique et climatique de la planète, ainsi que dans la recherche de preuves d'habitabilité. Parmi les plus importants figurent Curiosity, en mission dans le cratère Gale depuis 2012, et Perseverance, qui explore le cratère Jezero depuis 2021. Ces deux missions de la NASA jouent des rôles distincts mais complémentaires dans l'exploration martienne.

---

1. Rover Curiosity (2012-présent)
La sonde Curiosity a été lancée le 26 novembre 2011 et a atterri le 6 août 2012 dans le cratère Gale, une structure géologique au centre de laquelle se trouve le mont Sharp (Aeolis Mons). La mission fait partie du Laboratoire scientifique de Mars (MSL) et son objectif principal est d'étudier les conditions environnementales passées de Mars afin de déterminer si la

planète a été, à une époque, propice au développement de la vie microbienne.

Principaux résultats

1. **Preuves de la présence d'eau liquide dans le passé** Curiosity a identifié des dépôts sédimentaires, des minéraux hydratés et des structures géologiques témoignant de la présence de lacs et de rivières dans l'Antiquité. Des couches d'argile et de minéraux tels que la smectite, qui se forment en présence d'eau liquide à pH neutre, ont été détectées.

2. **Détection de composés organiques** En 2018, l'analyse d'échantillons de roche a révélé la présence de molécules organiques complexes, suggérant l'existence d'éléments constitutifs de la vie.

3. **Variation saisonnière du méthane** Le rover a enregistré des fluctuations dans la concentration de méthane dans l'atmosphère martienne, une hypothèse qui pourrait être associée à des processus géologiques ou, dans une moindre mesure, biologiques.

4. **Analyse des radiations** Des données ont été collectées sur les niveaux de radiation à la surface de Mars, des informations essentielles pour la sécurité des futures missions habitées.

Instruments scientifiques

Curiosity est équipé d'une suite de dix instruments scientifiques avancés, dont :

- **Chambre chimique**: un spectromètre laser qui analyse la composition chimique des roches à distance ;
- **SAM (Analyse d'échantillons sur Mars)**: étudie

la composition atmosphérique et organique des échantillons ;
- **MAHLI (cible d'imagerie de Mars)**:Fournit des images microscopiques détaillées de la surface de la roche.

La mission Curiosity a démontré que Mars avait autrefois des conditions habitables, contribuant de manière significative à notre compréhension de l'environnement martien et influençant le développement des missions ultérieures.

2. Rover Persévérance (2021–présent)

Perseverance fait partie de la mission Mars 2020 et a été lancé le 30 juillet 2020 pour atterrir le 18 février 2021 dans le cratère de Jezero, un site présentant des traces d'un ancien delta fluvial. Le choix du cratère repose sur l'hypothèse que cet environnement aurait pu conserver des traces de vie microbienne.

Objectifs scientifiques

L'objectif principal de Perseverance est de rechercher des biosignatures, c'est-à-dire des preuves de processus biologiques anciens. La mission comprend également la collecte et le stockage d'échantillons de roche et de sol en vue d'un futur retour sur Terre, prévu dans le cadre d'une mission conjointe NASA-ESA.

Principaux résultats

1. **Identification des dépôts sédimentaires**Des couches de roches sédimentaires et de minéraux carbonatés ont été trouvées, suggérant un environnement aquatique favorable à la préservation de composés organiques et éventuellement de biosignatures.
2. **Collecte d'échantillons pour leur retour sur Terre**Le rover stocke des échantillons dans des tubes scellés, qui seront ensuite analysés dans des laboratoires

terrestres dotés d'équipements plus sophistiqués.

3. **Première capture sonore sur Mars** Perseverance a enregistré des sons provenant de l'atmosphère martienne, tels que le vent et le mouvement du rover lui-même, offrant un nouvel aperçu de l'interaction entre l'atmosphère et la surface de la planète.

4. **Tests de production d'oxygène** L'instrument MOXIE a démontré la faisabilité de l'extraction de l'oxygène du dioxyde de carbone martien, une technologie essentielle pour les futures missions habitées.

Instruments scientifiques

La persévérance dispose de sept instruments principaux, dont :

- **Super caméra**: spectromètre laser qui analyse la composition chimique des roches ;
- **SHERLOC** Spectromètre Raman qui recherche des composés organiques et des biosignatures ;
- **MOXIE** Système expérimental de conversion du dioxyde de carbone en oxygène.

Un autre élément innovant de la mission est l'hélicoptère Ingenuity, transporté par Perseverance, qui a effectué les premiers vols contrôlés sur une autre planète, démontrant la faisabilité d'une future exploration aérienne.

Les missions Curiosity et Perseverance représentent des avancées significatives dans l'exploration martienne. Curiosity a confirmé l'existence d'environnements habitables par le passé, tandis que Perseverance approfondit la recherche de preuves directes de vie et ouvre la voie à de futurs retours d'échantillons sur Terre. Les données collectées par ces rovers sont essentielles à la compréhension de l'évolution de Mars et à la planification de futures missions habitées vers la planète.

2. Missions futures : retour d'échantillons de Mars et exploration

humaine

L'exploration planétaire continue de progresser avec des missions de plus en plus ambitieuses, et deux des initiatives les plus importantes pour les décennies à venir sont le retour d'échantillons de Mars et l'exploration humaine, notamment dans le cadre du programme Artemis, qui vise à ouvrir la voie à des missions habitées vers Mars.

1. Retour d'échantillons de Mars (MSR) (années 2030)

La mission Mars Sample Return (MSR) est une collaboration entre la NASA et l'Agence spatiale européenne (ESA) visant à restituer sur Terre des échantillons collectés par le rover Perseverance sur Mars. Il s'agira de la première mission à transporter du matériel martien pour une analyse détaillée dans des laboratoires terrestres, permettant ainsi un niveau de recherche inaccessible aux instruments embarqués des rovers.

Objectifs scientifiques

- **Analyse des biosignatures possibles** La présence de composés organiques et minéraux dans les roches sédimentaires peut indiquer une activité biologique passée.

- **Étude de l'évolution géologique et climatique de Mars** La composition des échantillons aidera à reconstituer l'histoire de la planète.

- **Évaluation des risques pour les futures missions habitées :** Comprendre la composition du sol et les dangers biologiques ou chimiques potentiels.

Phases de la mission

Le plan actuel implique plusieurs lancements et l'utilisation de plusieurs engins spatiaux pour collecter, stocker et transporter les échantillons vers la Terre :

1. **Collecte d'échantillons de persévérance** (2021-

présent) : Le rover collecte des échantillons de roche et de régolithe dans des tubes scellés.

2. **Mission de retour d'échantillons**(années 2030) :

    - Un atterrisseur (Sample Retrieval Lander) atterrira sur Mars, transportant un petit rover de l'ESA pour récupérer les tubes laissés par Perseverance.

    - Le Mars Ascent Vehicle (MAV), une petite fusée, sera lancé depuis la surface martienne et transportera les échantillons en orbite autour de la planète.

    - Un orbiteur de retour sur Terre (ERO), exploité par l'ESA, interceptera le conteneur d'échantillons et commencera le voyage de retour vers la Terre.

3. **Arrivée sur Terre**Les échantillons doivent atterrir dans un endroit sûr et contrôlé où ils seront prélevés pour analyse dans des laboratoires hautement protégés.

Importance scientifique

Le retour d'échantillons martiens marquera une étape importante dans l'exploration spatiale, permettant aux scientifiques d'utiliser les techniques de laboratoire les plus avancées pour étudier les matériaux extraterrestres sans les limitations imposées par les instruments des atterrisseurs et des rovers. Cette analyse pourrait révolutionner notre compréhension de Mars, de son habitabilité passée et de son potentiel à abriter la vie.

2. Exploration humaine : le programme Artemis et la route vers Mars

La NASA, par le biais du programme Artemis, cherche à établir une présence durable sur la Lune, dans le but de développer des technologies et des infrastructures pour de futures missions vers Mars. Cette initiative implique la collaboration de plusieurs agences spatiales, dont l'ESA, la JAXA (Japon) et l'ASC (Canada).

Objectifs du programme Artemis

- **Établir une présence durable sur la Lune**Construction de la station Gateway, une plateforme orbitale lunaire qui servira de point de support pour les futures missions habitées.

- **Développer de nouvelles technologies spatiales**:Tests d'habitats, de systèmes de survie, de nouvelles combinaisons spatiales et de propulsion avancée.

- **Explorez les ressources lunaires**:Étudier la possibilité d'utiliser l'extraction de glace pour la production d'oxygène et de carburant.

- **Préparation des astronautes aux missions interplanétaires**L'expérience acquise lors de séjours prolongés sur la Lune aidera à préparer les futures expéditions habitées vers Mars.

Phases du programme Artemis

1. **Artémis I (2022)**Essai sans pilote de la fusée SLS (Space Launch System) et du vaisseau spatial Orion, qui a orbité autour de la Lune et est revenu sur Terre.

2. **Artemis II (2025 - prévu)**:La première mission habitée autour de la Lune depuis l'ère Apollo, avec quatre astronautes testant les systèmes d'Orion lors d'un vol autour du satellite naturel.

3. **Artemis III (2026 - prévu)**:Mission habitée visant à atterrir sur la Lune, incluant la première femme et la première personne noire à marcher sur le sol lunaire.

4. **Artemis IV et au-delà (2028-2030)** Établissement de la station Gateway et début des missions prolongées sur la surface lunaire.

La route vers Mars

L'exploration humaine de Mars requiert des technologies de pointe et une planification minutieuse en raison de défis tels que la distance (un aller simple peut prendre entre six et neuf mois), la nécessité d'un système de survie prolongé et les effets de la gravité réduite sur la physiologie humaine. Le programme Artemis joue un rôle crucial dans :

- **Tests de systèmes à longue durée de vie** L'expérience acquise à Gateway et dans les bases lunaires aidera à développer des habitats autosuffisants.
- **Améliorer les technologies de propulsion** Les moteurs de propulsion solaire électrique et la propulsion nucléaire thermique sont des options pour réduire le temps de trajet.
- **Préparer les astronautes à la vie au-delà de la Terre** Des séjours prolongés sur la Lune fourniront des données sur la santé humaine dans des environnements extraterrestres, atténuant ainsi les risques pour une mission vers Mars.

Missions possibles vers Mars

- **Décennie 2030-2040** : Planification d'une mission habitée, avec un atterrissage initial suivi de missions plus longues.

- **Utilisation des ressources locales** Des études indiquent la présence de glace souterraine, qui peut être transformée en eau potable, en oxygène et en carburant pour fusée.

- **Missions robotiques auxiliaires** Avant d'envoyer des astronautes, davantage de sondes et de rovers pourraient être utilisés pour préparer le terrain, créer des infrastructures et tester des technologies de survie.

Les missions de retour d'échantillons martiens et le programme Artemis représentent les prochaines étapes fondamentales de l'exploration interplanétaire. Le retour d'échantillons martiens permettra des avancées scientifiques sans précédent, tandis que la colonisation lunaire fournira l'expertise nécessaire à l'envoi d'humains sur la planète rouge. Ensemble, ces initiatives façonnent l'avenir de l'exploration spatiale, préparant l'humanité à devenir une espèce interplanétaire.

À la découverte des confins du système solaire : missions spatiales et leurs découvertes

L'exploration du système solaire a permis une compréhension de plus en plus précise des planètes et des lunes en orbite autour du Soleil. Des missions spatiales réussies ont apporté des éclairages surprenants sur les atmosphères, la composition géologique, les processus dynamiques et même la possibilité d'une vie extraterrestre. Vous trouverez ci-dessous un résumé détaillé des principales missions qui ont enrichi notre connaissance de ces corps célestes.

1. Saturne et ses lunes : la mission Cassini (1997-2017)

La mission Cassini-Huygens, une collaboration entre la NASA, l'ESA et l'Agence spatiale italienne, a été lancée en 1997 et a atteint Saturne en 2004. Pendant 13 ans, la sonde a orbité autour de la planète, étudiant ses anneaux, son atmosphère et ses lunes, jusqu'à la fin de sa mission en 2017, lorsqu'elle a plongé dans l'atmosphère de Saturne.

Principaux résultats

- **Saturne** Cassini a révélé des détails sur la composition des anneaux, les tempêtes gigantesques dans l'atmosphère et l'influence du champ magnétique.

- **Titan** :
  - La sonde Huygens, rattachée à Cassini, s'est posée sur Titan en 2005, devenant ainsi le premier module à atterrir sur une lune autre que la Terre.
  - Il a découvert des mers et des rivières de méthane et d'éthane liquides, suggérant un cycle hydrologique similaire à celui de la Terre, mais basé sur les hydrocarbures.
  - L'atmosphère dense et riche en azote peut contenir des composés précurseurs de la chimie organique.

- **Encelade** :
  - Cassini a détecté des geysers d'eau jaillissant de fissures dans la croûte glacée de la lune.
  - L'analyse indique la présence d'un océan souterrain contenant des composés organiques et suffisamment d'énergie chimique pour soutenir la vie microbienne.
  - Encelade est devenue l'une des cibles prioritaires des futures missions de recherche de vie au-delà de la Terre.

2. Jupiter et ses lunes : la mission Juno (2016-présent)

La sonde Juno a été lancée en 2011 et est entrée en orbite autour de Jupiter en 2016. Son objectif est d'étudier la structure interne de la planète, son atmosphère et son champ magnétique intense.

Principaux résultats

- **Atmosphère et phénomènes météorologiques**
  - Identification de cyclones géants aux pôles, dont certains persistent pendant des années.
  - Des études sur la Grande Tache rouge révèlent que la tempête est plus profonde qu'on ne le pensait auparavant et s'étend sur des centaines de kilomètres sous les nuages.
- **Champ magnétique et structure interne**
  - Le champ magnétique de Jupiter est asymétrique et extrêmement dynamique.
  - Les résultats indiquent que le noyau de la planète pourrait être diffus et contenir un mélange de roche et de gaz.
- **Les lunes de Jupiter**(cible d'explorations futures)
  - **Europe**Des preuves suggèrent qu'il existe un océan global sous la croûte de glace, ce qui en fait un candidat sérieux à l'existence de la vie microbienne.
  - **Ganymède**La plus grande lune du système solaire possède son propre champ magnétique et pourrait contenir de l'eau liquide sous terre.

La mission Juno continue de fonctionner et devrait continuer à fournir des données essentielles sur Jupiter au moins jusqu'en 2025.

3. Pluton et la ceinture de Kuiper : la mission New Horizons (2006-présent)

La sonde New Horizons de la NASA, lancée en 2006, a survolé Pluton pour la première fois en 2015, révélant un monde complexe et actif. Plus tard en 2019, la sonde a visité Arrokoth, un objet primitif de la ceinture de Kuiper.

Principaux résultats

- **Pluton**
    - **Des montagnes de glace d'eau**, dont certains culminent à plus de 3 500 mètres d'altitude.
    - **plaine de Spoutnik**, une vaste région recouverte d'azote gelé en constant renouvellement géologique.
    - Atmosphère mince riche en méthane et en azote, formant des couches de brouillard.
    - Possible océan souterrain sous la croûte de glace.
- **Arrokoth**(2019)
    - Un objet binaire en forme de « bonhomme de neige » qui s'est formé il y a des milliards d'années.
    - Cela confirme les preuves selon lesquelles les planètes se forment à partir de petits corps qui fusionnent lentement.

New Horizons poursuit son voyage à travers la ceinture de Kuiper, recueillant des données sur les objets les plus éloignés du système solaire.

---

4. Autres missions importantes : Voyager 1 et 2 (1977-présent) : Exploration des planètes extérieures et de l'espace interstellaire.

Les sondes Voyager 1 et 2 ont été lancées en 1977 dans le but d'explorer les planètes géantes gazeuses et de poursuivre leur voyage en dehors du système solaire.

- **Voyageur 1**
    - Il a survolé Jupiter (1979) et Saturne

(1980), renvoyant des images détaillées des atmosphères et des lunes des planètes.
- En 2012, il est devenu le premier objet artificiel à atteindre l'espace interstellaire, d'où il renvoie encore aujourd'hui des données sur les particules cosmiques.

- **Voyageur 2**
  - En plus de Jupiter et de Saturne, il est passé près d'Uranus (1986) et de Neptune (1989), fournissant les seules images détaillées de ces planètes.
  - Des geysers d'azote ont été identifiés sur Triton (la lune de Neptune), suggérant une activité géologique.
  - Il est également présent dans l'espace interstellaire depuis 2018.

Aube (2007-2018) : À la découverte de la ceinture d'astéroïdes

La mission Dawn a été la première à orbiter autour de deux corps distincts de la ceinture d'astéroïdes : Vesta et Cérès.

- **Vesta**
  - Troisième plus grand objet de la ceinture d'astéroïdes, avec une surface criblée de cratères et de montagnes formés par des impacts massifs.
- **Cérès**
  - **Planète naine** contenant des dépôts de glace d'eau et d'éventuels réservoirs souterrains.
  - Il a identifié des points lumineux dans le cratère Occator, suggérant la présence de sels hydratés, une indication d'une activité géologique récente.

La mission a terminé ses opérations en 2018, mais ses données continuent d'être analysées pour comprendre l'évolution du système solaire.

L'exploration des planètes et des lunes du Système solaire a révélé un univers dynamique et plein de surprises. Des océans souterrains d'Encelade et d'Europe aux rivières de méthane de Titan et aux montagnes de glace de Pluton, les découvertes ont transformé notre vision du cosmos. De futures missions, comme Europa Clipper (qui explorera Europe), perpétueront cet héritage, approfondissant encore notre compréhension des corps célestes et la possibilité de vie au-delà de la Terre.

CHAPITRE 20 : COSMOLOGIE MODERNE – L'UNIVERS EN EXPANSION

La cosmologie moderne cherche à répondre aux questions les plus profondes sur l'origine, l'évolution et le destin de l'univers. Grâce aux avancées technologiques et théoriques, les scientifiques ont réussi à percer certains des plus grands mystères du cosmos. Ce chapitre explore les découvertes qui ont façonné notre compréhension de l'univers, notamment l'expansion accélérée, le fond diffus cosmologique et la structure à grande échelle du cosmos.

L'expansion accélérée de l'univers et l'énergie noire

La découverte de l'accélération de l'expansion de l'univers a constitué l'une des étapes les plus importantes de la cosmologie moderne. Ce phénomène remet en question les hypothèses initiales selon lesquelles la gravité ralentirait l'expansion cosmique au fil du temps. L'explication la plus largement acceptée de cette accélération est l'existence de l'énergie noire, l'un des plus grands mystères de la physique contemporaine.

1. La découverte de l'accélération de l'univers (1998)

Jusqu'à la fin du XXe siècle, les astronomes pensaient que l'expansion de l'univers, amorcée avec le Big Bang, ralentissait sous l'effet de l'attraction gravitationnelle de la matière et de l'énergie qu'il contenait. Cependant, cette idée a été remise en question en 1998 par deux équipes de scientifiques indépendantes :

- **Projet de cosmologie des supernovae**(réalisé par Saul Perlmutter).
- **Équipe de recherche de supernova à haute impédance**(réalisé par Brian Schmidt et Adam Riess).

Comment la découverte a-t-elle été faite ?

Les scientifiques ont étudié les supernovae de type Ia, des explosions stellaires extrêmement brillantes à la luminosité prévisible. En analysant la luminosité de ces supernovae dans des galaxies lointaines, ils ont pu calculer la rapidité de l'expansion de l'univers par le passé.

Résultats inattendus :
- Au lieu de constater un ralentissement de l'expansion de l'univers, les données ont montré que le taux d'expansion augmente.
- Cela signifiait qu'une force inconnue surmontait la gravité et éloignait les galaxies les unes des autres à un rythme toujours croissant.

Prix Nobel de physique 2011
La découverte a été si frappante qu'elle a valu à Saul Perlmutter, Brian Schmidt et Adam Riess le prix Nobel de physique 2011 en reconnaissance de leurs contributions à notre compréhension de l'évolution cosmique.

---

2. Le rôle de l'énergie noire
L'énergie noire est un composant mystérieux de l'univers qui agit comme une force répulsive, entraînant l'expansion accélérée du cosmos.

Principales caractéristiques de l'énergie noire
- **Composition de l'Univers** Les observations du fond diffus cosmologique (WMAP, Planck) et des grandes structures cosmiques indiquent que l'énergie noire constitue environ 68 % de l'univers.
- **Nature inconnue** Contrairement à la matière et à l'énergie conventionnelles, l'énergie noire n'interagit pas de manière significative avec la lumière ou la matière, ce qui la rend extrêmement difficile à détecter directement.

Explications possibles de l'énergie noire

1. **Constante cosmologique (Λ)**
   - Einstein a introduit la constante cosmologique (Λ) dans ses équations de la relativité générale comme terme mathématique pour maintenir l'univers statique.
   - Suite à la découverte de l'expansion accélérée, les scientifiques ont réalisé que ce terme pouvait représenter une énergie inhérente à l'espace lui-même.
   - Cette hypothèse suggère que l'énergie noire a un effet constant au fil du temps, ce qui est cohérent avec les observations actuelles.
2. **Quintessence**
   - Alternativement, certains modèles proposent que l'énergie noire soit un champ dynamique, similaire à un champ scalaire, qui change au fil du temps.
   - Si cela est vrai, cela signifierait que l'expansion de l'univers peut varier tout au long de l'histoire cosmique.
3. **Modifications de la théorie de la gravité**
   - Certaines hypothèses suggèrent que la relativité générale pourrait ne pas être totalement exacte à l'échelle cosmologique.
   - Des modèles alternatifs tentent d'expliquer l'expansion accélérée sans avoir besoin d'énergie noire, mais il n'y a toujours pas de consensus sur ces théories.

---

3. Implications pour l'avenir de l'univers

L'énergie noire joue un rôle central dans le destin de l'univers.

Selon sa véritable nature et son évolution dans le temps, différents scénarios peuvent se produire :

1. Gelures profondes (mort due à la chaleur)
- Si l'énergie noire continue à stimuler l'expansion de manière constante, les galaxies s'éloigneront de plus en plus les unes des autres.
- Au fil du temps, l'univers deviendra froid et sombre à mesure que les étoiles cesseront de se former et que le rayonnement cosmique se dissipera.
- Ce scénario est connu sous le nom de « Mort thermique » ou « Grand gel », où toute l'énergie utile sera dissipée, donnant naissance à un univers mort et inerte.

2. Grande larme
- Si l'énergie noire s'intensifie au fil du temps, sa force pourrait augmenter jusqu'à détruire toute la structure de l'univers.
- Les galaxies, les étoiles, les planètes et même les atomes seraient détruits à mesure que l'accélération deviendrait infinie.
- Ce scénario catastrophique, appelé le « Big Rip », se produirait si l'énergie noire avait une densité variable et croissante.

3. Big Crunch (effondrement de l'univers) (moins probable selon les preuves actuelles)

- Si l'énergie noire diminue ou inverse son influence, la gravité pourrait éventuellement surmonter l'expansion et provoquer l'effondrement de l'univers sur lui-même.
- Cela entraînerait le « Big Crunch », où toute la matière et l'énergie seraient comprimées dans un état extrêmement dense et chaud, conduisant peut-être à un nouveau Big Bang.

La découverte de l'accélération de l'expansion de l'Univers a révolutionné la cosmologie moderne et soulevé de nouvelles questions sur la nature de l'énergie noire. Bien que sa composition exacte demeure un mystère, les observations indiquent qu'elle joue un rôle crucial dans l'évolution et le destin de l'Univers. Les recherches futures, telles que les missions Euclid (ESA) et Roman Space Telescope (NASA), promettent d'approfondir notre compréhension de cette force mystérieuse, contribuant ainsi à répondre à l'une des questions scientifiques les plus importantes : qu'est-ce qui motive réellement l'accélération du cosmos ?

Le fond diffus cosmologique : l'écho du Big Bang

Le rayonnement de fond diffus cosmologique (FDC) est l'une des preuves les plus solides du modèle du Big Bang et est essentiel à la compréhension de l'origine et de l'évolution de l'Univers. Il s'agit d'une sorte de « fossile cosmique », vestige de la lumière primordiale qui imprègne le cosmos depuis ses origines.

1. Qu'est-ce que le CMB ?

Le fond diffus cosmologique est la lumière résiduelle du Big Bang qui remplit presque uniformément l'univers tout entier. À l'époque où l'univers était encore très jeune, environ 380 000 ans après le Big Bang, il était composé d'un plasma chaud et dense, où protons et électrons interagissaient constamment avec les photons (particules de lumière). À ce stade précoce, la lumière ne pouvait pas circuler librement car elle était continuellement absorbée et réémise par des particules chargées. Ce scénario a changé lorsque la température de l'univers a suffisamment baissé pour permettre aux électrons de se combiner aux protons pour former des atomes d'hydrogène neutres, un phénomène appelé recombinaison.

À partir de ce moment, les photons ont pu se propager dans

le cosmos sans être réabsorbés, formant le rayonnement de fond cosmologique que nous pouvons détecter aujourd'hui. Au fil du temps, ce rayonnement s'est déplacé vers des longueurs d'onde plus grandes en raison de l'expansion de l'Univers et est désormais observé dans le domaine des micro-ondes.

La Découverte accidentelle (1965) : Le CMB a été découvert en 1965 par les physiciens Arno Penzias et Robert Wilson, qui travaillaient aux Bell Labs sur un radiotélescope et ont constaté un bruit de fond persistant provenant de toutes les directions du ciel. Initialement, ils pensaient que ce bruit était dû à des interférences locales, mais ils ont rapidement réalisé qu'ils détectaient le rayonnement résiduel du Big Bang. Cette découverte révolutionnaire leur a valu le prix Nobel de physique en 1978.

2. Que révèle le CMB sur l'univers ?

Le rayonnement de fond diffus cosmologique offre un instantané de l'univers primitif, une véritable « carte » du cosmos lorsqu'il n'avait que 380 000 ans. Cette carte révèle d'infimes variations de température et de densité, appelées anisotropies. Ces fluctuations sont fondamentales, car elles représentent les germes des grandes structures cosmiques que nous observons aujourd'hui, telles que les galaxies, les amas et les superamas de galaxies.

Observations détaillées du CMB -Plusieurs missions spatiales ont étudié le CMB avec une grande précision, notamment :

- **COBE (NASA, 1989-1993)**– Première sonde à cartographier le CMB, confirmant son existence avec une grande précision.
- **WMAP (NASA, 2001-2010)**– Ils ont affiné les paramètres cosmologiques et démontré que l'univers a 13,8 milliards d'années.
- **Planck (ESA, 2009-2013)**– Il a fourni la carte la

plus détaillée du CMB, améliorant les mesures de la composition et du taux d'expansion de l'univers.

Que nous dit le WBC ?

1. **L'âge de l'univers**– Les mesures du CMB indiquent que l'univers a 13,8 milliards d'années.
2. *La composition de l'univers*– *Le CMB confirme que l'univers est composé d'environ 68 % d'énergie noire, d'environ 27 % de matière noire et d'environ 5 % de matière ordinaire seulement.*
3. **Le taux d'expansion (constante de Hubble)**– Le CMB fournit une estimation précise du taux d'expansion de l'univers, bien qu'il existe des divergences avec d'autres mesures (un problème connu sous le nom de tension de Hubble).

3. Le CMB et l'inflation cosmique :

Le fond diffus cosmologique soutient également fortement la théorie de l'inflation cosmique, une période d'expansion exponentielle extrêmement rapide qui s'est produite quelques fractions de seconde après le Big Bang.

Qu'est-ce que l'inflation ?

La théorie inflationniste suggère que peu de temps après le Big Bang, l'univers a connu une croissance exponentielle incroyablement rapide, passant d'une taille microscopique à des dimensions astronomiques en moins de 10^{-32} secondes.

Comment le CMB démontre-t-il l'inflation ?

- **Homogénéité de l'Univers**– L'univers est incroyablement homogène à très grande échelle, ce qui est difficile à expliquer sans inflation.
- **Fluctuations primordiales**– L'inflation prédit de minuscules variations quantiques dans l'univers primitif, qui s'est étendu et a donné lieu aux

fluctuations de densité observées dans le CMB.
- **Mode de polarisation B**– Certaines prévisions d'inflation suggèrent que le CMB devrait contenir un modèle de polarisation spécifique (le mode B), qui est encore à l'étude.

Bien que l'inflation cosmique soit largement acceptée, sa nature exacte n'a pas encore été confirmée et les recherches continuent de comprendre ses mécanismes fondamentaux.

Le rayonnement de fond diffus cosmologique est l'une des preuves les plus importantes de l'origine de l'univers et a été essentiel pour affiner le modèle cosmologique standard. Non seulement il confirme le Big Bang, mais il nous permet également d'étudier les débuts du cosmos, testant des hypothèses sur l'énergie noire, la matière noire et l'inflation cosmique. Grâce à de futures missions, telles que l'observatoire Simons et CMB-S4, les scientifiques espèrent répondre à des questions restées sans réponse, comme la nature de l'inflation cosmique et d'éventuelles nouvelles forces en physique fondamentale.

La structure à grande échelle de l'univers

L'univers n'est pas uniforme ; il est organisé en un vaste réseau de structures appelé la toile cosmique. Cette toile est composée d'amas de galaxies, de filaments cosmiques et de vides.

1. Amas de galaxies : Les amas sont les plus grandes structures gravitationnelles de l'univers et contiennent des centaines, voire des milliers, de galaxies, de gaz chaud et de matière noire. Exemple : l'amas de la Vierge, le plus proche de la Voie lactée.

2. Filaments cosmiques : Les filaments sont des « chemins » de matière reliant les amas de galaxies, formant une toile cosmique. Ils sont principalement composés de matière noire et de gaz, et les galaxies se forment le long de leurs bords.

3. Vides cosmiques : Les vides sont de vastes régions presque vides, contenant peu de galaxies ou de matière visible. Ils représentent environ 80 % du volume de l'univers et sont entourés de filaments et d'amas.

4. Le rôle de la matière noire : La matière noire, qui représente environ 27 % de l'univers, est essentielle à la formation de structures à grande échelle. Sa gravité attire la matière ordinaire, formant ainsi les germes des structures cosmiques.

La cosmologie moderne nous a offert une vision profonde et détaillée de l'univers, depuis ses origines lors du Big Bang jusqu'à sa structure à grande échelle. La découverte de l'expansion accélérée et de l'énergie noire, l'étude du fond diffus cosmologique et la cartographie de la toile cosmique ont transformé notre compréhension du cosmos. Cependant, de nombreux mystères subsistent, comme la nature de l'énergie noire et de la matière noire. Grâce au développement de nouvelles technologies et de nouveaux observatoires, nous continuons d'explorer les limites de la connaissance humaine, en quête de réponses aux questions les plus fondamentales sur l'univers.

CHAPITRE 21 : NOUVELLES GALAXIES ET ÉTOILES – AU-DELÀ DE LA VOIE LACTÉE

L'univers est un paysage vaste et dynamique où les galaxies et les étoiles naissent, évoluent et meurent. Grâce aux avancées technologiques comme le télescope spatial James Webb (JWST), nous explorons les galaxies lointaines, découvrons le cycle de vie des étoiles et comprenons le rôle crucial de la matière noire dans la formation et l'évolution des structures cosmiques. Ce chapitre explore ces découvertes fascinantes, qui redéfinissent notre compréhension du cosmos.

Galaxies lointaines : un regard vers le passé

Les galaxies sont les éléments fondamentaux de l'univers, et l'étude des galaxies les plus éloignées nous permet de scruter le passé et d'assister à la formation et à l'évolution des premières structures cosmiques.

1. Le rôle du télescope spatial James Webb (JWST) : Lancé en 2021, le JWST est le télescope le plus avancé jamais construit, capable d'observer l'univers infrarouge avec une précision sans précédent. Il révèle des galaxies qui se sont formées quelques centaines de millions d'années seulement après le Big Bang, offrant ainsi un aperçu des « âges sombres » et de la formation des premières étoiles et galaxies.

2. Galaxies primordiales et découvertes du JWST : Les galaxies primordiales sont les premières structures cosmiques formées dans l'univers, apparues quelques centaines de millions d'années après le Big Bang. L'étude de ces galaxies est essentielle pour comprendre les mécanismes de formation des étoiles, l'évolution des structures cosmiques et le rôle de la matière noire dans l'organisation de l'univers.

Avec l'arrivée du télescope spatial James Webb (JWST), les

astronomes ont désormais accès à des observations plus détaillées de ces galaxies lointaines, comme GLASS-z13, qui existait environ 300 millions d'années après le Big Bang. L'analyse de ces galaxies remet en question les modèles préexistants et apporte de nouvelles perspectives sur la formation de l'univers primitif.

1. Caractéristiques des galaxies primordiales

Les galaxies primordiales présentent des caractéristiques distinctes des galaxies modernes. Elles sont plus petites et plus compactes, avec une structure peu développée et une composition principalement composée d'hydrogène et d'hélium. Leurs principales caractéristiques sont les suivantes :

- **Dimension réduite:** Ils ont des diamètres de l'ordre de milliers d'années-lumière, nettement plus petits que des galaxies comme la Voie Lactée, qui mesure environ 100 000 années-lumière de diamètre.
- **Taux élevé de formation d'étoiles:** ils forment des étoiles de manière intense et rapide, contribuant à la diffusion des premiers éléments chimiques lourds dans le milieu interstellaire.
- **Faible teneur en métal:** Parce qu'elles se sont formées peu de temps après le Big Bang, ces galaxies contiennent un minimum d'éléments autres que l'hydrogène et l'hélium, car les éléments les plus lourds étaient encore en cours de synthèse dans les premières générations d'étoiles.
- **Influence de la matière noire** L'accrétion de matière visible dans ces galaxies primordiales a été largement influencée par la présence de matière noire, qui a joué un rôle fondamental dans la formation de ces structures au fil du temps.

2. Découverte de GLASS-z13 par le JWST

Le télescope spatial James Webb (JWST), en observant l'univers dans le spectre infrarouge, a pu détecter des galaxies extrêmement éloignées dont la lumière a été décalée vers des longueurs d'onde plus longues en raison de l'expansion de l'univers.

Parmi les découvertes les plus importantes figure GLASS-z13, l'une des galaxies les plus lointaines jamais observées.

Caractéristiques du GLASS-z13

- **Âge**:existait environ 300 millions d'années après le Big Bang, étant l'une des plus anciennes galaxies connues.
- **Décalage vers le rouge**:Il a un décalage vers le rouge (z) d'environ 13, ce qui indique que sa lumière a voyagé pendant environ 13,4 milliards d'années avant de nous atteindre.
- **Structure et formation des étoiles**Bien que de petite taille, il présentait un taux élevé de formation d'étoiles, ce qui suggère que la formation de galaxies a pu se produire à des époques plus précoces que celles prédites par les modèles cosmologiques précédents.

La détection de GLASS-z13 remet en question les théories traditionnelles sur la chronologie de la formation des premières galaxies, indiquant que ces structures pourraient avoir émergé moins de 100 millions d'années après le Big Bang.

3. Le rôle des galaxies primordiales dans l'évolution de l'univers

L'étude des galaxies primordiales permet de mieux comprendre les processus fondamentaux de l'évolution de l'univers, tels que la réionisation cosmique, la formation des premiers éléments lourds et la structuration des grandes galaxies modernes.

Réionisation cosmique

La lumière émise par les premières galaxies a joué un rôle

crucial dans le processus de réionisation cosmique, qui s'est produit entre 150 et 900 millions d'années après le Big Bang. Ce phénomène a été responsable de la transition de l'univers d'un état dominé par l'hydrogène neutre à un milieu ionisé, permettant à la lumière de se propager dans tout le cosmos.

Production d'éléments lourds

Les premières étoiles formées dans ces galaxies étaient massives et avaient une courte durée de vie. Lorsqu'elles explosèrent en supernovae, elles dispersèrent des éléments lourds dans le milieu interstellaire, enrichissant les générations futures d'étoiles et de galaxies. Ce processus fut essentiel à la formation de systèmes stellaires comme le nôtre.

Évolution des structures cosmiques

Au fil du temps, les galaxies primordiales ont connu des fusions et des interactions gravitationnelles qui ont conduit à la formation de galaxies plus grandes et plus complexes. La Voie lactée, par exemple, est le résultat de milliards d'années d'évolution galactique, à partir de ces premières structures cosmiques.

4. Perspectives d'avenir pour l'étude des galaxies primordiales

Les observations du JWST ne représentent que le début d'une nouvelle ère en cosmologie observationnelle. Ces découvertes soulèvent de nouvelles questions, notamment :

- Quand exactement les premières formations de galaxies ont-elles eu lieu ?
- Comment la matière noire a-t-elle influencé la structure et l'évolution de ces galaxies ?
- Comment ces premiers systèmes ont-ils contribué à la formation de trous noirs supermassifs ?

Dans les années à venir, de nouvelles missions, comme le télescope spatial Nancy Grace Roman, viendront compléter les recherches menées par le JWST, permettant des mesures encore plus détaillées des premières structures de l'univers.

La découverte de galaxies primordiales, telles que GLASS-z13, représente une avancée significative dans l'étude de l'évolution cosmique. L'existence de ces structures si précoces dans l'univers indique que la formation des galaxies pourrait avoir eu lieu plus tôt qu'on ne le pensait, remettant en question les modèles théoriques actuels. Grâce aux progrès des technologies d'observation, de nouvelles découvertes devraient approfondir notre compréhension de l'origine des galaxies, de la dynamique de la matière noire et des processus qui ont façonné l'univers tel que nous le connaissons.

3. L'évolution des galaxies : En comparant les galaxies lointaines avec les galaxies proches, les astronomes reconstituent l'histoire de l'évolution galactique, y compris la formation de trous noirs supermassifs et la distribution de la matière noire.

Les étoiles et leurs cycles de vie

Les étoiles jouent un rôle central dans la structure et l'évolution de l'univers. Elles sont responsables de la fusion nucléaire des éléments, convertissant l'hydrogène en hélium et synthétisant ensuite des éléments plus lourds dispersés dans le milieu interstellaire. Ce processus non seulement régit la dynamique des galaxies, mais fournit également les composants fondamentaux de la formation des planètes et de la vie.

Le cycle de vie des étoiles varie considérablement en fonction de leur masse initiale, qui influence leur évolution et les vestiges qu'elles laissent derrière elles. Les principales phases de ce cycle comprennent la formation des étoiles, la phase de fusion active, les événements explosifs ou graduels finaux et la formation de vestiges stellaires.

1. Formation d'étoiles : Les étoiles naissent dans d'immenses nuages moléculaires composés principalement d'hydrogène et d'hélium, mélangés à de petites quantités de poussière interstellaire. Ces environnements, appelés pouponnières stellaires, se trouvent dans des régions de formation stellaire intense, comme la nébuleuse d'Orion.

Processus de formation
1. **Effondrement gravitationnel :**
   - Des perturbations, telles que des ondes de choc provenant de supernovae proches ou d'interactions galactiques, peuvent provoquer un effondrement gravitationnel au sein de ces nuages.
   - À mesure que la densité augmente, la température augmente également, formant un noyau chaud et dense appelé protoétoile.
2. **La phase protostellaire :**
   - Durant cette phase, la protoétoile continue d'accumuler de la masse et de libérer de l'énergie par contraction gravitationnelle.
   - Si la température du noyau atteint environ 10 millions de Kelvin, la fusion nucléaire de l'hydrogène en hélium commence, marquant la naissance d'une étoile de la séquence principale.
3. **Influence du JWST :**
   - Le JWST fournit des observations inédites du processus de formation des étoiles. Ses images infrarouges nous permettent de pénétrer d'épais nuages de gaz et de poussière, révélant des détails sur la croissance des protoétoiles et la formation des systèmes planétaires qui les entourent.

2. Supernovae et nébuleuses : L'évolution finale d'une étoile dépend directement de sa masse initiale. Les étoiles massives (plus de 8 masses solaires) terminent leur vie en supernovae, des événements hautement énergétiques qui dispersent des éléments lourds dans le milieu interstellaire.

Le rôle des supernovae :
- Les supernovae se produisent lorsqu'une étoile épuise son combustible nucléaire, provoquant un effondrement catastrophique du noyau en raison de l'immense force gravitationnelle.
- Cet effondrement génère une onde de choc qui expulse les couches externes de l'étoile à des vitesses extrêmement élevées, enrichissant le milieu interstellaire en carbone, oxygène, fer et autres éléments essentiels à la formation des planètes et de la vie.
- De plus, une compression extrême du noyau peut conduire à la formation d'étoiles à neutrons ou de trous noirs.

Exemple : La nébuleuse du Crabe :
- La nébuleuse du Crabe (M1) est un vestige de supernova issu de l'explosion d'une étoile massive, observée en 1054 après J.-C. par des astronomes chinois et arabes.
- Au centre de la nébuleuse se trouve un pulsar, une étoile à neutrons hautement magnétisée qui tourne rapidement et émet des impulsions régulières de rayonnement électromagnétique.

Les supernovae non seulement enrichissent le milieu interstellaire, mais sont également responsables du déclenchement de nouveaux processus de formation d'étoiles, jouant un rôle crucial dans l'évolution des galaxies.

---

3. Étoiles de faible masse et naines blanches : Les étoiles dont la masse est inférieure à 8 masses solaires, comme le Soleil, suivent un chemin évolutif différent, caractérisé par une phase finale moins violente.

Évolution des étoiles de faible masse :
1. **Phase de séquence principale**
   - Pendant la majeure partie de sa vie, l'étoile maintient un équilibre entre la pression de radiation générée par la fusion nucléaire et la force gravitationnelle qui tente de la faire s'effondrer.
   - Le Soleil, par exemple, est actuellement dans cette phase et le restera pendant environ 10 milliards d'années.

2. **Phase géante rouge**
   - Lorsque l'hydrogène du noyau s'épuise, la fusion commence dans les couches externes. Cela provoque une expansion importante de l'étoile, qui devient une géante rouge.
   - Au cours de cette phase, des éléments plus lourds, tels que le carbone et l'oxygène, sont synthétisés à l'intérieur de l'étoile.

3. **Expulsion des couches externes**
   - Finalement, les couches extérieures de la géante rouge sont emportées et forment une nébuleuse planétaire.
   - Le noyau restant devient une naine blanche, un objet extrêmement dense composé principalement de carbone et d'oxygène.

Exemple : la nébuleuse de l'Anneau (M57)
- La nébuleuse de l'Anneau (M57) est un exemple classique de nébuleuse planétaire, située dans la constellation de la Lyre.

- La matière éjectée par l'étoile forme une structure sphérique brillante, illuminée par le rayonnement émis par la naine blanche centrale.

Les naines blanches ne subissent pas de fusion active et se refroidissent lentement sur des milliards d'années, devenant des restes stellaires froids connus sous le nom de naines noires (bien que les naines noires n'aient pas encore été détectées, car l'univers n'a pas encore eu suffisamment de temps pour que cette étape se produise).

Le cycle de vie des étoiles joue un rôle fondamental dans l'évolution de l'univers, influençant la composition chimique des galaxies et la formation de nouvelles générations d'étoiles et de planètes. Les étoiles massives terminent leur vie en supernovae, laissant derrière elles des étoiles à neutrons ou des trous noirs, tandis que les étoiles de faible masse évoluent en géantes rouges, puis en naines blanches.

L'étude de l'évolution stellaire, alimentée par des télescopes comme le JWST, nous permet de mieux comprendre la dynamique de la nucléosynthèse, la distribution des éléments chimiques dans le cosmos et le rôle des étoiles dans la formation des systèmes planétaires. Le développement de nouvelles technologies d'observation devrait permettre de mieux comprendre les processus physiques régissant la naissance, l'évolution et la mort des étoiles, approfondissant ainsi notre compréhension de la structure et de l'évolution de l'univers.

Matière noire : le squelette de l'univers

La matière noire est l'une des plus grandes inconnues de la cosmologie moderne. C'est une forme de matière qui n'émet, n'absorbe ni ne réfléchit le rayonnement électromagnétique, ce qui la rend indétectable par des méthodes directes. Cependant, son existence est déduite de ses effets gravitationnels sur les galaxies, les amas de galaxies et la structure à grande échelle de l'univers. Bien qu'elle représente environ 27 % de la densité énergétique de l'univers (selon les dernières données du satellite Planck de l'ESA), sa nature exacte demeure inconnue. Comprendre la matière noire est essentiel à l'étude de la formation des galaxies et de l'évolution cosmique.

1. Preuve de l'existence de la matière noire : L'hypothèse de la matière noire est née des divergences entre la masse visible des galaxies et des amas de galaxies et la masse nécessaire pour expliquer leurs mouvements observés.

Fritz Zwicky et les amas de galaxies : Le premier indice de l'existence de la matière noire est apparu dans les années 1930, lorsque l'astrophysicien suisse Fritz Zwicky a étudié l'amas de Chevelure. Il a observé que les galaxies de l'amas se déplaçaient plus vite que prévu, suggérant la présence d'une masse invisible assurant la cohésion de l'amas.

Vera Rubin et les courbes de rotation galactique : Dans les années 1970, l'astronome Vera Rubin, alors qu'elle étudiait la rotation des galaxies spirales, a découvert une anomalie importante :

- Selon les lois de la gravitation de Newton et la dynamique képlérienne, la vitesse des étoiles devrait diminuer à mesure qu'elles s'éloignent du centre galactique, où se concentre la majeure partie de la masse lumineuse.
- Cependant, Rubin a observé que les étoiles situées aux bords des galaxies tournaient à peu près à la même vitesse que les étoiles plus proches du centre. Cela indiquait la présence d'une importante masse invisible, répartie au-delà de la région lumineuse des galaxies.

En plus des courbes de rotation galactique, d'autres preuves ont renforcé la théorie de la matière noire :

- **lentille gravitationnelle :** Effet prédit par la relativité

générale, où la lumière provenant de galaxies lointaines est déformée par la présence d'une masse invisible entre l'observateur et la source lumineuse.
- **Rayonnement de fond cosmologique**L'analyse de l'anisotropie du rayonnement cosmique par le satellite WMAP et Planck a révélé que la matière ordinaire ne représente qu'environ 5 % de l'univers, tandis que la matière noire en représente environ 27 %.

2. Le rôle de la matière noire dans la formation des galaxies : La matière noire influence non seulement la dynamique des galaxies, mais joue également un rôle essentiel dans la formation et la structuration de l'univers.

Halos de matière noire : Les galaxies sont entourées de vastes halos de matière noire, qui fournissent la force gravitationnelle nécessaire à la cohésion des étoiles, du gaz et de la poussière. Sans cette masse supplémentaire, de nombreuses galaxies se disperseraient en raison de leur vitesse de rotation élevée.

Structure cosmique et matière noire : La distribution de la matière noire forme une structure cosmique connue sous le nom de toile cosmique, qui influence la formation des galaxies et des amas de galaxies :

- Dans l'univers primitif, de minuscules fluctuations de densité dans la matière noire ont servi de « graines gravitationnelles » qui ont attiré le gaz et la matière ordinaire pour former des étoiles et des galaxies.
- **filaments de matière noire**relient des amas de galaxies, formant un modèle de superamas et de vides cosmiques.
- Des simulations informatiques basées sur le modèle Lambda-CDM (Cold Dark Matter + Dark Energy) montrent que sans la présence de matière noire, les galaxies ne se seraient pas formées aux échelles de

temps observées.

La matière noire agit donc comme le « squelette » gravitationnel de l'univers, guidant la croissance des structures cosmiques dès les premiers stades de l'évolution cosmique.

3. La recherche de la nature de la matière noire : Bien que son influence gravitationnelle soit bien documentée, la composition de la matière noire demeure l'un des plus grands mystères de la physique moderne. Plusieurs théories ont été proposées pour expliquer sa nature, les plus largement acceptées étant :

3.1. WIMPs (particules massives à faible interaction)

L'une des hypothèses les plus étudiées suggère que la matière noire est composée de particules massives à faible interaction (WIMP). Ces particules :

- Ils auraient une masse plus grande que les protons et les neutrons, mais n'interagiraient que par la gravité et la force nucléaire faible, ce qui les rendrait extrêmement difficiles à détecter.
- S'ils existent, ils pourraient être détectés par des expériences de détection directe, qui recherchent des collisions entre des WIMP et des atomes dans des détecteurs très sensibles.

Des expériences telles que LUX-ZEPLIN, XENON1T et PandaX étudient ces interactions, mais n'ont jusqu'à présent trouvé aucune preuve directe de WIMP.

3.2. Axions : Une autre possibilité est que la matière noire soit composée d'axions, des particules hypothétiques extrêmement légères qui interagissent avec les champs électromagnétiques. Des expériences comme ADMX (Axion Dark Matter Experiment) recherchent des traces de ces particules, mais aucune confirmation concrète n'a encore été apportée.

3.3. Matière noire ultralégère et modèles alternatifs

D'autres propositions incluent :

- **Matière noire chaude** (basé sur des neutrinos stériles, bien que moins favorisés par le modèle standard).
- **Matière noire ultra-légère**, dont les particules auraient des masses minuscules et se comporteraient de manière quantique à grande échelle.
- **Modifications de la gravité** Certains scientifiques suggèrent que la théorie de la relativité générale pourrait être incomplète à l'échelle cosmique, essayant d'expliquer les effets attribués à la matière noire par des ajustements aux équations gravitationnelles (exemple : théorie MOND – Dynamique newtonienne modifiée).

La matière noire demeure l'un des plus grands défis de la cosmologie et de la physique des particules. Les observations la concernant sont solides, allant des courbes de rotation galactique à la lentille gravitationnelle et à la distribution du fond diffus cosmologique. Son importance dans la formation et l'évolution des galaxies est incontestable, et elle est fondamentale pour expliquer la structure à grande échelle de l'univers. Cependant, sa nature exacte reste à déterminer, et divers modèles théoriques et expériences sont en cours pour détecter des WIMP, des axions ou de nouvelles formes de matière noire. Le développement de nouvelles technologies et de nouveaux observatoires, tels que le télescope spatial euclidien et l'observatoire Vera C. Rubin, devrait permettre des progrès significatifs dans l'identification et la caractérisation de la matière noire, contribuant ainsi à une meilleure compréhension de la physique fondamentale et de la structure du cosmos.

Les récentes découvertes sur les galaxies, les étoiles et la matière noire transforment notre compréhension de l'univers. Le télescope spatial James Webb nous permet de plonger dans le passé et d'observer la formation des premières galaxies et étoiles. Parallèlement, l'étude des cycles de vie stellaires et du rôle de la matière noire révèle comment le cosmos a évolué pour devenir ce que nous voyons aujourd'hui.

CHAPITRE 22 : LA RECHERCHE DE LA VIE DANS L'UNIVERS – SETI

La recherche de vie extra-terrestre est l'une des questions les plus fascinantes et les plus profondes de la science moderne. Ce chapitre explore les efforts scientifiques pour y répondre, répartis en deux domaines principaux : l'astrobiologie, qui étudie la possibilité de vie sur d'autres corps célestes, et le SETI (Recherche d'Intelligence Extraterrestre), qui recherche des preuves de l'existence de civilisations intelligentes dans le cosmos.

La Recherche d'Intelligence Extraterrestre (SETI) est un domaine de recherche scientifique consacré à la recherche de signaux provenant de civilisations technologiquement avancées dans l'univers. Contrairement à l'astrobiologie, qui étudie les formes de vie microbiennes ou primitives, la SETI se concentre sur la détection de technosignatures : signes qu'une civilisation a développé des moyens de communication ou des structures détectables à distance.

Le principe fondamental du SETI est que, si des civilisations avancées existent dans d'autres systèmes stellaires, elles pourraient émettre des signaux électromagnétiques (tels que des ondes radio ou des impulsions laser) détectables par des télescopes terrestres et spatiaux. Depuis ses premières initiatives dans les années 1960 jusqu'aux projets modernes financés par des instituts et universités privés, le SETI demeure l'un des domaines les plus fascinants de l'exploration spatiale.

1. Les origines du SETI : L'idée de rechercher des signaux provenant d'une intelligence extraterrestre a gagné du terrain au XXe siècle à mesure que la technologie des radiotélescopes progressait.

Frank Drake et la première tentative : En 1960, l'astronome Frank Drake a mené la première expérience SETI officielle, connue sous le nom de Projet Ozma. Il a utilisé le radiotélescope de Green Bank aux États-Unis pour scruter deux étoiles proches (Tau Ceti et Epsilon Eridani) à la recherche de signaux radio artificiels. Bien qu'il n'ait rien détecté, son initiative a jeté les bases de recherches futures.

L'équation de Drake : L'année suivante, Drake proposa sa célèbre équation, une tentative d'estimation du nombre de civilisations détectables dans la Voie lactée. Cette équation prend en compte des facteurs tels que :

- Taux de formation d'étoiles propices à la vie
- Fraction d'étoiles avec des planètes
- Nombre de planètes habitables par système
- Probabilité de l'émergence de la vie et de l'intelligence
- Temps de survie d'une civilisation technologique

Bien que fondée sur de nombreuses incertitudes, l'équation reste un modèle conceptuel important pour discuter des possibilités de vie intelligente dans l'univers.

2. Comment SETI recherche-t-il la vie intelligente ?

SETI repose sur la détection de technosignatures, c'est-à-dire des traces qu'une civilisation avancée pourrait laisser dans le cosmos. Les stratégies clés incluent :

2.1. Recherche de signaux radio

Les ondes radio sont idéales pour la communication interstellaire car :

- Ils parcourent de longues distances sans grandes pertes d'énergie.
- Traverser des nuages de poussière interstellaire
- Ils peuvent être facilement différenciés des signes naturels.

Les scientifiques recherchent des signaux à bande étroite, qui diffèrent des signaux radio naturels émis par les pulsars, les quasars et d'autres sources cosmiques.

L'un des projets les plus ambitieux dans la quête de la radio est Breakthrough Listen.

3. Projet Breakthrough Listen : Breakthrough Listen est le plus vaste programme SETI jamais entrepris, financé par le milliardaire russe Yuri Milner. Il fait appel à des radiotélescopes ultra-sensibles tels que :

- Télescope de Green Bank (États-Unis)
- Télescope de Parkes (Australie)
- MeerKAT (Afrique du Sud)

Le projet collecte d'énormes quantités de données, analysant les signaux provenant d'étoiles proches, de galaxies lointaines et même du centre de la Voie lactée. Des milliers d'heures de données ont été traitées jusqu'à présent, mais aucun signe incontestable d'intelligence n'a été détecté.

3.1. Le signal « WOW ! » : Bien que le SETI n'ait pas encore détecté de signaux de renseignement confirmés, l'un des événements les plus intrigants s'est produit en 1977 : le signal WOW !

- Capté par le radiotélescope Big Ear dans l'Ohio, le signal avait une force et une fréquence inhabituelles.
- Cela a duré 72 secondes et n'a jamais été répété, ce qui rend son origine mystérieuse.
- Certaines hypothèses suggèrent une interférence terrestre, tandis que d'autres considèrent qu'elle pourrait provenir d'une source extraterrestre artificielle.

4. Le paradoxe de Fermi et ses explications possibles : La recherche du SETI se heurte à un problème fondamental : si l'univers est si vaste et ancien, pourquoi n'avons-nous pas encore trouvé de preuves de l'existence de civilisations extraterrestres ? Cette question, posée par le physicien Enrico Fermi, est connue sous le nom de paradoxe de Fermi.

Certaines explications proposées incluent :

1. **Les civilisations sont extrêmement rares**
   - La vie intelligente pourrait être un événement exceptionnellement rare dans la Voie lactée.

2. **Les civilisations avancées s'autodétruisent**
   - La technologie nucléaire, le changement climatique ou l'intelligence artificielle incontrôlée pourraient provoquer l'effondrement des civilisations avant qu'elles n'atteignent une phase d'expansion interstellaire.

3. **Nous regardons dans la mauvaise direction**
   - Les civilisations avancées n'utilisent peut-être pas d'ondes radio ou de lasers, mais plutôt des technologies qui nous sont encore inconnues.

4. **Le « Grand Silence »**
   - Les civilisations peuvent choisir de ne pas communiquer, évitant ainsi d'attirer l'attention pour des raisons de sécurité. Cette idée est explorée dans l'hypothèse de la Forêt Sombre, basée sur le livre de Liu Cixin « Le Problème des Trois Corps ».

5. **Les signes peuvent être partout autour de nous**, mais nous ne pouvons pas les reconnaître
   - Les civilisations pourraient utiliser la modulation des neutrinos, la communication quantique ou d'autres

méthodes que nous n'avons pas encore détectées.
6. **L'hypothèse du zoo**
- Les civilisations avancées nous observent peut-être, mais préfèrent ne pas interférer (à l'instar du concept de la Directive Première dans « Star Trek »).

5. L'avenir du SETI : Avec les progrès technologiques, la recherche d'intelligence extraterrestre s'étend vers de nouveaux horizons :

5.1. Télescopes de nouvelle génération
- Le télescope spatial James Webb pourrait analyser les exoplanètes habitables à la recherche de signatures chimiques associées à la vie.
- Le télescope Square Kilometer Array (SKA) en Afrique et en Australie sera le plus grand radiotélescope du monde et augmentera notre capacité à détecter les signaux radio.

5.2. Recherche de mégastructures : Certaines civilisations sont capables de construire des structures gigantesques, comme les sphères de Dyson (qui captent l'énergie d'étoiles entières). Le SETI étudie les variations inhabituelles de luminosité des étoiles qui pourraient indiquer la présence de ces structures.

5.3. Intelligence artificielle et Big Data : L'utilisation de l'IA et de l'apprentissage automatique nous permettra d'analyser des quantités massives de données, augmentant ainsi les chances de trouver des modèles inhabituels qui pourraient indiquer une intelligence extraterrestre.

SETI représente l'une des recherches scientifiques les plus ambitieuses et philosophiques de l'humanité. Même sans preuve directe à ce jour, l'immensité de l'univers suggère que si une vie intelligente existe sur d'autres planètes, ce n'est qu'une question de temps avant que nous en trouvions des signes.

Grâce aux nouvelles technologies, à des télescopes plus sensibles et à des méthodes d'analyse de données plus sophistiquées, l'humanité pourrait être sur le point de faire une découverte qui bouleverserait notre vision du cosmos. En attendant, la recherche continue.

Exoplanètes habitables : de nouvelles frontières

Avec la découverte de milliers d'exoplanètes (planètes en orbite autour d'autres étoiles), la recherche de la vie a pris un nouvel essor. L'analyse de l'atmosphère de ces mondes lointains, grâce à des techniques comme la spectroscopie de transmission, permet aux scientifiques de rechercher des gaz susceptibles d'indiquer la présence de vie, comme l'oxygène, le méthane ou l'ozone.

La recherche de la vie dans l'univers est un voyage qui allie science, technologie et une profonde curiosité humaine. Que ce soit grâce à l'astrobiologie, au SETI ou à l'étude des exoplanètes, chaque découverte nous rapproche de la compréhension de notre place dans le cosmos. Alors que nous explorons Mars, Europe, Encelade et des mondes lointains, nous continuons à rêver de la possibilité que, quelque part, une autre forme de vie attende d'être découverte.

CHAPITRE 23 : L'EXPLORATION HUMAINE DE L'ESPACE : DU PASSÉ AU FUTUR

L'exploration spatiale humaine est l'une des plus grandes réussites de notre espèce. Elle représente non seulement des avancées technologiques, mais aussi l'unification des nations autour d'un objectif commun : élargir les horizons de l'humanité. Ce chapitre retrace le parcours de l'exploration spatiale, des premiers pas sur la Lune aux ambitions de colonisation d'autres mondes.

L'ère Apollo : le premier pas au-delà de la Terre

Le programme Apollo, mené par la NASA entre 1961 et 1972, a représenté l'un des moments les plus marquants de l'exploration spatiale. Il a marqué une étape importante non seulement parce qu'il a permis le débarquement d'humains sur la Lune, mais aussi par l'impact technologique, scientifique et politique qu'il a généré.
Au total, six missions Apollo ont atterri sur la Lune, permettant à 12 astronautes d'y marcher. Cet exploit a consolidé la suprématie américaine dans la course à l'espace face à l'Union soviétique et a marqué le début d'une nouvelle ère dans l'exploration spatiale.

1. Le contexte historique : la course à l'espace

L'ère Apollo ne peut être comprise sans prendre en compte la Guerre froide et la rivalité entre les États-Unis et l'Union soviétique. Après le lancement de Spoutnik 1 par l'Union soviétique en 1957, les Américains se sentirent obligés de reconquérir leur avance technologique.
Le programme Apollo a été directement motivé par le défi lancé par le président John F. Kennedy en 1961 :
« Je crois que cette nation devrait s'engager à atteindre l'objectif,

avant la fin de cette décennie, d'envoyer un homme sur la Lune et de le ramener sain et sauf sur Terre. » Cette déclaration a stimulé des investissements sans précédent dans la NASA et l'ingénierie aérospatiale, donnant naissance à l'un des projets les plus ambitieux de l'humanité.

2. Premiers pas : tests et développement
Avant qu'Apollo 11 n'effectue le premier atterrissage sur la Lune, la NASA a connu des années de tests, d'échecs et d'évolution technologique.

- **Apollo 1 (1967)**– Un incendie survenu lors d'un essai a tué les astronautes Gus Grissom, Ed White et Roger Chaffee, ce qui a entraîné une révision complète du programme.
- **Apollo 7 (1968)**– Premier essai habité du module de commande et de service en orbite terrestre.
- **Apollo 8 (1968)**– Première mission en orbite autour de la Lune, avec Frank Borman, Jim Lovell et William Anders, qui ont transmis des images emblématiques de la Terre depuis l'espace.
- **Apollo 9 et 10 (1969)**– Ils ont testé le module lunaire (LEM) et toutes les manœuvres nécessaires à l'atterrissage.

Ces tests ont ouvert la voie au succès d'Apollo 11.

3. Apollo 11 : un bond en avant pour l'humanité
Le 16 juillet 1969, Apollo 11 décollait du Centre spatial Kennedy, en Floride. L'équipage était composé de :
- **Neil Armstrong**– Commandant
- **Buzz Aldrin**– Pilote du module lunaire
- **Michael Collins**– Pilote du module de commande

3.1. L'alunissage
Le 20 juillet 1969, après quatre jours de voyage, le module lunaire Eagle atterrit dans la mer de la Tranquillité. La tension était à son comble, le carburant s'épuisant rapidement

et Armstrong dut prendre les commandes manuellement pour éviter une zone rocheuse.

Finalement le fameux message est arrivé :« Houston, ici la base Tranquility. L'Aigle a atterri. »

Quelques heures plus tard, Armstrong descendit l'échelle du module et marcha sur la Lune, prononçant ces mots immortels : « C'est un petit pas pour l'homme, un bond de géant pour l'humanité. » (« C'est un petit pas pour l'homme, un bond de géant pour l'humanité. ») Aldrin le rejoignit quelques minutes plus tard et, ensemble, ils menèrent des expériences scientifiques, prélevèrent des échantillons et hissèrent le drapeau américain. Après environ 21 heures sur la surface lunaire, les astronautes retournèrent au module et décollèrent pour rejoindre Collins dans le module de commande Columbia.

3.2. Le retour sur Terre

Apollo 11 est rentré dans l'atmosphère terrestre le 24 juillet 1969 et a atterri dans l'océan Pacifique. Les astronautes ont été secourus par l'USS Hornet et placés en quarantaine pour prévenir toute contamination lunaire.

4. L'héritage des missions Apollo

Après le succès d'Apollo 11, cinq autres missions ont atterri sur la Lune entre 1969 et 1972 :

Mission	Date	Site d'atterrissage	Astronautes notables
Apollo 12	Novembre 1969	Océan de tempêtes	Pete Conrad et Alan Bean
Apollo 14	Février 1971	Frère Mauro	Alan Shepard, Edgar Mitchell
Apollo 15	Juillet 1971	Hadley-Pennines	David Scott, James Irwin
Apollo 16	Avril 1972	Plateau de Descartes	John Young, Charles Duke
Apollo 17	Décembre 1972	Vallée du Taurus-Littrow	Eugène Cernan, Harrison Schmitt

Apollo 13, lancé en 1970, n'a pas réussi à atterrir sur la Lune en raison d'une explosion dans le module de service, mais l'équipage a réussi à revenir sain et sauf après une opération de sauvetage dramatique.

4.1. Progrès scientifiques et technologiques

Les missions Apollo ont laissé un héritage énorme pour la science et la technologie :

4.1.1. Échantillons lunaires et compréhension du système solaire

Plus de 380 kg de roches lunaires ont été collectées et analysées, nous aidant à comprendre l'origine de la Lune et l'évolution du système solaire.

4.1.2. Développement informatique et technologie spatiale

Apollo a accéléré les progrès dans la miniaturisation des composants électroniques, influençant ainsi les ordinateurs modernes. Le besoin de systèmes fiables a conduit au développement de logiciels et de circuits intégrés avancés.

4.1.3. Impact sur la communication et l'ingénierie des matériaux

- Améliorations des antennes paraboliques et des systèmes de transmission par satellite.
- Développement de matériaux résistants à la chaleur utilisés dans la rentrée de capsules.
- Création de combinaisons spatiales très sophistiquées, influençant l'industrie textile.

5. La fin de l'ère Apollo et l'avenir de l'exploration lunaire

Apollo 17, en 1972, fut la dernière mission habitée vers la Lune. Le programme fut annulé en raison de son coût élevé et du manque de soutien public et politique.

5.1. Le programme Artemis et le retour sur la Lune

Aujourd'hui, la NASA prévoit un retour sur la Lune grâce au programme Artemis, qui vise à établir une présence durable et à ouvrir la voie à de futures missions vers Mars.

Artemis III, prévu pour 2026, transportera la première femme et la première personne noire sur la surface lunaire, en utilisant le module Starship de SpaceX.

L'ère Apollo fut un moment unique dans l'histoire de l'humanité. Plus qu'une victoire politique, elle représentait le triomphe de la science, de l'ingénierie et de l'esprit d'exploration de l'humanité. Les images d'astronautes marchant sur la surface lunaire continuent d'inspirer des générations, et les avancées technologiques que le programme a laissées ont encore un impact sur notre monde. Avec un retour prévu sur la Lune et la possibilité d'explorer Mars, l'héritage d'Apollo perdure, ouvrant la voie à une nouvelle ère d'exploration spatiale.

La Station spatiale internationale (ISS) : un laboratoire dans l'espace

La Station spatiale internationale (ISS) est l'un des plus beaux exemples de coopération internationale de l'histoire de l'humanité. Depuis le lancement de son premier module en 1998, l'ISS sert de laboratoire orbital pour la recherche scientifique et technologique, ainsi que de symbole d'unité entre les nations.

Coopération mondiale
La Station spatiale internationale (ISS) est le fruit d'un effort conjoint des agences spatiales américaine (NASA), russe (Roskosmos), européenne (ESA), japonaise (JAXA) et canadienne (ASC). Cette collaboration démontre que l'exploration spatiale peut transcender les frontières politiques et culturelles.

Recherche scientifique
La microgravité de l'ISS permet des expériences uniques dans des domaines tels que la biologie, la médecine, la physique et la science des matériaux. Les recherches sur la croissance cristalline, le comportement des fluides et les effets des radiations sur le corps humain ont des applications pratiques

sur Terre et sont essentielles pour les futures missions de longue durée.

L'avenir de l'exploration spatiale : vers Mars et au-delà

Le prochain grand bond en avant dans l'exploration spatiale humaine est en cours, avec des projets ambitieux de retour sur la Lune, d'établissement de bases lunaires et, à terme, d'envoi de missions habitées sur Mars.

Bases lunaires et exploration durable

La Lune n'est pas seulement une destination, mais aussi un terrain d'essai pour les technologies qui permettront l'exploration de Mars et au-delà. Les bases lunaires pourraient servir à extraire des ressources, comme l'eau et les minéraux, et à développer des systèmes de survie à long terme.

Colonisation spatiale

Outre la Lune et Mars, d'autres corps célestes, comme les astéroïdes et les lunes de Jupiter et de Saturne, sont envisagés. L'exploitation minière des astéroïdes, par exemple, pourrait fournir des ressources précieuses pour la Terre et les futures missions spatiales.

L'exploration spatiale humaine est un voyage continu, porté par la curiosité, l'innovation et la coopération internationale. Des premiers pas sur la Lune aux projets de colonisation de Mars, chaque réalisation nous rapproche d'un avenir où l'humanité ne sera plus confinée à la Terre. En contemplant les étoiles, nous continuons de rêver à l'au-delà, conscients que l'espace est la prochaine grande frontière de notre espèce.

CHAPITRE 24 : L'ASTRONOMIE AU XXIE SIÈCLE : DÉFIS ET OPPORTUNITÉS

Au XXIe siècle, l'astronomie connaît une transformation sans précédent, portée par les avancées technologiques, la collaboration mondiale et une prise de conscience croissante de l'importance de la vulgarisation scientifique. Nous explorons ici les défis et les opportunités qui caractérisent l'astronomie moderne, des révolutions du Big Data et de l'intelligence artificielle au rôle crucial de la science pour inspirer les générations futures.

Big Data et intelligence artificielle : révolutionner l'analyse des données

L'astronomie moderne génère des quantités impressionnantes de données grâce à des télescopes de plus en plus puissants et sensibles. Gérer ce volume d'informations nécessite de nouvelles approches, et c'est là qu'interviennent le Big Data et l'intelligence artificielle (IA).

Des projets comme le Large Synoptic Survey Telescope (LSST) et le Square Kilometre Array (SKA) génèrent des pétaoctets de données par an. Ces données contiennent des informations précieuses sur les galaxies lointaines, les exoplanètes, la matière noire, etc., mais leur traitement manuel est impossible.

L'intelligence artificielle en astronomie
L'IA et l'apprentissage automatique deviennent des outils essentiels pour analyser ces données. Les algorithmes peuvent identifier des modèles, classer les objets célestes et même prédire des phénomènes astronomiques. Par exemple, les réseaux neuronaux ont été utilisés pour détecter des exoplanètes dans les données de télescopes comme Kepler et TESS, accélérant ainsi des découvertes qui auraient auparavant pris des années.

Malgré ces avancées, le Big Data pose également des défis, tels que le besoin d'infrastructures de stockage et de traitement, ainsi que de méthodes garantissant la précision et la fiabilité des analyses automatisées. L'astronomie du XXIe siècle exige une nouvelle génération de data scientists capables de combiner connaissances astronomiques et informatiques.

Collaboration internationale : unir nos forces pour explorer le cosmos

L'astronomie est, par nature, une science mondiale. Les projets ambitieux nécessitent la collaboration entre pays, institutions et scientifiques de différents domaines, ce qui donne lieu à des découvertes qui transcendent les frontières.

Square Kilometre Array (SKA) : L'un des projets les plus ambitieux de l'astronomie moderne, le SKA est un radiotélescope composé de milliers d'antennes réparties en Afrique du Sud et en Australie. Avec une surface de collecte d'un kilomètre carré, le SKA promet de révolutionner notre compréhension de l'univers, de la formation des premières galaxies à la détection de signes de vie extraterrestre.

Télescope Event Horizon (EHT) : L'EHT est un autre exemple notable de collaboration internationale. En 2019, le projet a publié la première image d'un trou noir, dans la galaxie M87. Cet exploit a été rendu possible grâce à la synchronisation de télescopes du monde entier, créant ainsi un « télescope virtuel » de la taille de la Terre.

Défis de la collaboration mondiale : Malgré ses avantages, la collaboration internationale se heurte à des obstacles tels que les différences politiques, économiques et culturelles. Obtenir des financements, partager des données et coordonner les efforts entre les pays exige diplomatie et engagement en faveur de l'avancement de la science.

La vulgarisation scientifique : inspirer les générations futures

L'astronomie possède un pouvoir unique d'inspiration et de fascination pour les personnes de tous âges. Au XXIe siècle, la communication scientifique joue un rôle crucial dans la vulgarisation scientifique et l'éveil du public aux questions fondamentales sur l'univers.

L'astronomie dans la culture populaire
Les films, séries, livres et jeux vidéo explorent souvent des sujets astronomiques, suscitant l'intérêt du public. De plus, des événements tels que les éclipses, les lancements de fusées et les découvertes d'exoplanètes bénéficient d'une large couverture médiatique, rapprochant la science de la vie quotidienne.

Éducation et participation : Les projets de sensibilisation aux sciences, tels que les observations publiques, les conférences et les activités scolaires, sont essentiels pour inciter les jeunes à poursuivre des carrières scientifiques et technologiques. L'astronomie peut également être un puissant outil de promotion de l'inclusion, démontrant que la science est ouverte à tous, sans distinction de sexe, d'origine ethnique ou d'origine.

Défis à la diffusion : Malgré les progrès réalisés, la diffusion scientifique se heurte à des difficultés, telles que la désinformation et le manque d'accès aux ressources pédagogiques dans certaines régions. Combattre les mythes et la pseudoscience, tout en promouvant la pensée critique, est une tâche constante pour les scientifiques et les enseignants.

L'astronomie du XXIe siècle traverse une période de grand enthousiasme, avec des défis et des opportunités qui reflètent la complexité et la beauté de l'univers que nous étudions. De la révolution du Big Data et de l'IA à la collaboration internationale et à la vulgarisation scientifique, chaque avancée nous rapproche des réponses aux questions fondamentales sur notre existence et notre place dans le cosmos. En explorant l'inconnu, nous continuons d'inspirer et de fédérer les peuples autour de l'une des quêtes les plus anciennes et les plus nobles de l'humanité : la compréhension de l'univers.

CONSIDÉRATIONS FINALES

L'ouvrage présenté ici vise à dresser un panorama complet et actualisé de l'astronomie et de l'exploration spatiale, depuis ses fondements scientifiques jusqu'aux frontières de la connaissance au XXIe siècle. Au fil des chapitres, des sujets allant de la formation et de l'évolution de l'univers à la recherche de vie extraterrestre et à l'exploration spatiale humaine, en passant par les défis et les opportunités contemporains de l'astronomie, ont été abordés. Cette conclusion vise à résumer les principaux points abordés et à réfléchir à l'impact de ces avancées sur la science et la société.

La compréhension du Big Bang, de la formation des galaxies et de la structure à grande échelle de l'univers a fourni un cadre théorique solide à la cosmologie moderne. La découverte de l'accélération de l'expansion de l'univers et de l'énergie noire a ouvert de nouvelles perspectives de recherche, obligeant les scientifiques à repenser la nature fondamentale du cosmos.

L'astrobiologie et le SETI représentent des efforts interdisciplinaires visant à répondre à l'une des questions les plus profondes de l'humanité : sommes-nous seuls dans l'univers ? L'exploration de Mars, des lunes glacées de Jupiter et de Saturne, ainsi que l'analyse des exoplanètes habitables ont élargi nos perspectives sur la possibilité de vie au-delà de la Terre.

Des missions Apollo à la Station spatiale internationale, en passant par les projets de colonisation de Mars, l'exploration spatiale habitée témoigne de la capacité d'innovation et de coopération internationale. Ces efforts élargissent non seulement nos horizons scientifiques, mais inspirent également des générations et font progresser le développement technologique.

La révolution du Big Data et de l'intelligence artificielle transforme notre façon de collecter et d'analyser les données astronomiques. Des projets collaboratifs comme SKA et EHT démontrent le pouvoir de la coopération mondiale pour répondre à des questions fondamentales. De plus, la vulgarisation scientifique joue un rôle crucial pour mobiliser le public et inspirer les futurs scientifiques.

Cet ouvrage souligne l'importance de l'astronomie en tant que science interdisciplinaire reliant la physique, la chimie, la biologie, la géologie et l'informatique. Les avancées analysées ont des implications non seulement pour notre compréhension de l'univers, mais aussi pour le développement de technologies qui impactent la vie quotidienne, des systèmes de communication aux techniques médicales.

De plus, l'astronomie sert de catalyseur à la coopération internationale, démontrant que la science peut transcender les frontières politiques et culturelles. Des projets comme le SKA et l'ISS illustrent comment la collaboration mondiale peut conduire à des réalisations impossibles à accomplir par une seule nation.

Malgré des avancées significatives, l'astronomie du XXIe siècle est confrontée à des défis considérables. La gestion et l'analyse de volumes importants de données nécessitent des investissements continus dans les infrastructures et la formation de professionnels qualifiés. La collaboration internationale, bien que fructueuse, doit surmonter les obstacles politiques et économiques pour garantir un partage équitable des bénéfices de la science.

Il est également nécessaire d'améliorer la vulgarisation scientifique afin de lutter contre la désinformation et de garantir l'accès des connaissances scientifiques à tous. L'astronomie joue un rôle unique à cet égard, car ses découvertes captivent souvent l'imagination du public et peuvent être utilisées comme un puissant outil de promotion de l'éducation et de la pensée critique.

L'astronomie et l'exploration spatiale comptent parmi les projets les plus ambitieux et les plus inspirants de l'humanité. En étudiant l'univers, nous élargissons non seulement nos connaissances scientifiques, mais nous réfléchissons également à notre place dans le cosmos et à notre responsabilité en tant qu'espèce. Cet ouvrage vise à contribuer au dialogue universitaire et public, encourageant la prochaine génération de scientifiques, d'éducateurs et de passionnés à poursuivre l'exploration des merveilles de l'univers.

En contemplant les étoiles, nous nous rappelons que la quête du savoir est un voyage sans fin, semé d'embûches mais aussi d'opportunités infinies. Puisse cet ouvrage servir de guide et d'inspiration à tous ceux qui souhaitent percer les mystères du cosmos et, ce faisant, mieux se comprendre et comprendre le monde qui nous entoure.

RÉFÉRENCES BIBLIOGRAPHIQUES

SAGAN, Carl. Cosmos. Traduit par Sergio Moraes Rego. New York : Routledge, 1980.

Hawking, Stephen. Une brève histoire du temps : du Big Bang aux trous noirs. Traduit par Maria Helena Torres. New York : Routledge, 1988.

SINGH, Simon. Big Bang : L'origine de l'univers. Traduit par Diego Alfaro. New York : Routledge, 2006.

NASA. Rapports et publications scientifiques*. Disponible à l'adresse : https://www.nasa.gov. Consulté le [10/02/2022].

ESA (Agence spatiale européenne). Publications et rapports. Disponible à l'adresse : https://www.esa.int. Consulté le : [05/09/2022].

CATLING, David C. Astrobiologie : une brève introduction. Oxford : Oxford University Press, 2013.

BENNETT, Jeffrey ; SHOSTAK, Seth. La vie dans l'univers. 4e éd. San Francisco : Pearson, 2016.

NASA. Mission Persévérance : Notes scientifiques. Disponible à l'adresse : https://mars.nasa.gov/mars2020/. Consulté le : [23/03/2022].

MISSION CASSINI. Découvertes sur Encelade et Titan. Disponible sur : https://saturn.jpl.nasa.gov/. Consulté le : [08/05/2022].

WOLFE, Tom. L'Étoffe des héros. New York : Farrar, Straus et Giroux, 1979.

KRANZ, Gene. L'échec n'est pas une option : le contrôle de

mission de Mercure à Apollo 13 et au-delà. New York : Simon & Schuster, 2000.

DAVID, Leonard. Ruée vers la Lune : la nouvelle course à l'espace. Washington, D.C. : National Geographic, 2019.

NASA. Programme Apollo : Documentation technique. Disponible à l'adresse : https://www.nasa.gov/mission_pages/apollo/index.html. Consulté le : [06/02/2022].

NASA. Station spatiale internationale : Rapports de recherche. Disponible à l'adresse : https://www.nasa.gov/mission_pages/station/research/index.html. Consulté le : [insérer la date].

MAHABAL, Ashish, et al. Science des données pour astronomes et astrophysiciens. Princeton : Princeton University Press, 2022.

LSST (Large Synoptic Survey Telescope). Publications scientifiques. Disponible à l'adresse : https://www.lsst.org/. Consulté le : [19/05/2022].

Matrice du kilomètre carré (SKA). Rapports et recherches. Disponible sur : https://www.skatelescope.org/. Consulté le : [19/04/2022].

Sagan, Carl. Le monde hanté par les démons : la science comme une bougie dans l'obscurité
Traduit par Rosaura Eichenberg. New York : Routledge, 1996.

BOWATER, Laura ; YEOMAN, Kay. Communication scientifique : Guide pratique pour les scientifiques. Oxford : Wiley-Blackwell, 2012.

Compréhension publique de la science. Revue scientifique pour la diffusion de la science. Disponible à l'adresse : https://journals.sagepub.com/home/pus. Consulté le : [06/04/2022].

SKA (Square Kilometer Matrix). Documentation officielle. Disponible sur : https://www.skatelescope.org/. Consulté le : [14/06/2022].

EHT (Event Horizon Telescope). Publications et rapports. Disponible sur : https://eventhorizontelescope.org/. Consulté le : [10/05/2022].

À PROPOS DE L'AUTEUR

José Ruiz Watzeck

Journaliste, écrivain, auteur, physicien, géographe, mathématicien, historien, professeur d'université, neuropsychopédagogue, spécialiste de l'enseignement supérieur, diplômé d'études supérieures en audit, gestion et licence environnementale, diplômé d'études supérieures en géotraitement et géoréférencement, pédagogue, spécialiste en astronomie et astrophysique.

www.ingramcontent.com/pod-product-compliance
Lightning Source LLC
Chambersburg PA
CBHW071358210526
45465CB00001B/147